"海洋梦"系列丛书

精卫填海

海洋污染与环境保护

"海洋梦"系列丛书编委会◎编

合肥工业大学出版社
HEFEI UNIVERSITY OF TECHNOLOGY PRESS

图书在版编目（CIP）数据

精卫填海：海洋污染与环境保护/"海洋梦"系列丛书编委会编 . —合肥：合肥工业大学出版社，2015.9

ISBN 978 - 7 - 5650 - 2424 - 5

Ⅰ. ①精… Ⅱ. ①海… Ⅲ. ①海洋污染—污染防治—普及读物 Ⅳ. ①X55 - 49

中国版本图书馆 CIP 数据核字（2015）第 209754 号

精卫填海：海洋污染与环境保护

"海洋梦"系列丛书编委会 编	责任编辑 刘 露 李克明

出 版	合肥工业大学出版社	版 次	2015 年 9 月第 1 版
地 址	合肥市屯溪路 193 号	印 次	2015 年 9 月第 1 次印刷
邮 编	230009	开 本	710 毫米 × 1000 毫米　1/16
电 话	总 编 室：0551 - 62903038	印 张	12.75
	市场营销部：0551 - 62903198	字 数	200 千字
网 址	www. hfutpress. com. cn	印 刷	三河市燕春印务有限公司
E-mail	hfutpress@ 163. com	发 行	全国新华书店

ISBN 978 - 7 - 5650 - 2424 - 5　　　　　定价：25.80 元

᎓᎓᎓▷ 目 录

精卫填海——海洋污染与环境保护

第一章
海洋生物亮出"黄牌"

从深海到浅滩，处处都生活着各种各样的生命。在海洋动物中，大的像鲸鱼，其体长达几十米，小的个体体长仅几毫米；在海洋植物中，长得像巨藻，长达二三十米，小的如海洋细菌，只有几微米至十几微米，1000个海洋细菌排列起来，长度仅1毫米。从最微小的微生物到最大的哺乳动物，地球上有80%的生物栖息在海洋中。海洋是地球上最复杂多样的一个生物系统，也是地球上一个最丰富多彩的生命群落。但是由于环境污染使这些生命群落，正在面临着前所未有的灾难。

第一节　生命沃土：海洋生态系统

环环相扣的海洋生态系统

什么是海洋生态系统？要了解这个问题，首先得知道什么是生态系统。生态系统是一架活机器，有结构，有功能，它是指在一定的空间内，所有的生物和非生物成分构

海岸的岩礁

成了一个互相作用的综合体，这是一个动态的系统。在这个动态系统中有物质的循环，有能量的流动，犹如一架不需要人操纵的自动机器，自然而然地运转。对于海洋生态系统来说，生物群落如相互联系的动物植物、微生物等是其中的生物成分，而非生物成分即海洋环境，如阳光、空气、海水、无机盐等。海洋环境又可划分为大小不一的范围，小至一个潮塘，一块岩礁，一丛海草；大到一个海湾，甚至整个海洋。

你知道吗

海洋中有多少生物

海洋里到底有多少种生物？大概没有人能说出具体数字。全世界的科学家们正在进行一项空前的合作计划，为所有的海洋生物进行鉴定和编写名录。目前已

经登录的海洋鱼类大概有 1.5 万多种，最终预计海洋鱼类大约有 2 万种。而目前已知的海洋生物有 21 万种，预计实际的数量则在这个数字的 10 倍以上，即 210 万种。

这些生态系统机器虽然大小不一，但都有相似的结构和功能，即有物质的循环，有能量的流动。举一个在海洋中最普通的例子：大鱼吃小鱼，小鱼吃虾，虾吞海瘙，瘙食海藻，海藻从海水中或海底中吸收阳光及无机盐等进行光合作用，制造有机物质，维持着这个弱肉强食的食物链。

但海洋环境中的无机物质又来自何方？这就靠那令人生厌的"分解者"——微生物将大鱼、小鱼、虾、瘙及藻的遗体分解掉，使其回归到周围环境中去。从哪里来到哪里去，这就是生态系统物质循环的一般规律。在这个生态系统中，包括三个成员：无生命的海洋环境（物质和能量），生产者就是海藻等植物；消费者，不管是大鱼、小鱼、虾还是海瘙，它们都不能自己制造有机物质，而只能靠捕食为生；再就是分解者了，主要是微生物，它们是辛勤的"清道夫"，如果没有它们，海洋恐怕用不了多长时间就会被动

植物的排泄物或遗体填满了。在这个物质循环链中，缺少哪个环节都不行，它们相互依存、相互制约、相克相生，真是"一荣俱荣，一损俱损"。现在日益严重的海洋污染已严重威胁到海洋生态系统的平衡，赤潮的频繁发生，"死海"的不断

奇妙的海洋微生物

出现就是如山铁证。

海洋生态系统的物质循环和能量流动都是一个动态的过程，在无外界干扰的情况下，就会达到一个动态平衡状态。因此，过度地开采与捕捞海洋生物，就会导致一个环节生物量的减少，这也必然导致下一个相连环节生物数量的减少。如此环环相扣的食物链上，一个环节的破坏，就会导致整个食物链乃至整个海洋生态系统平衡的破坏，反过来，就会影响捕捞产量。随着鱼虾等水产品的过度捕捞，破坏力超过了生物的繁殖力，使鱼虾等难以大量生存繁殖。这就是南海曾一度休渔的原因之一。另外，海洋污染

是海洋生态系统平衡失调的一大"罪魁"祸首。海洋遭受污染时，首先受到危害的就是海洋动植物，而最终受损的还是人类自身利益。

错综复杂的海洋食物网

1. 海洋食物网

在自然界中，一个单纯的食物链几乎是不存在的，而总是由许多长短不同的食物链相互交错，形成一个复杂的食物网。不仅如此，即使是食物网之间也经常交错，相互联系。例如，北极熊不只捕食海豹一种生物，还捕食鱼类；还比如大虾有时也摄食尚未长大的小鱼。此外，很多动物在生长过程中的不同阶段，会发生食性的改变，例如，有些种类的海龟在小的时候只吃植物，而长大之后则主要捕食动物，因此，其在食物链中经常处于不同的营养层次。现在应用食物链这一概念时，已经概括了食物网的含义。

海洋独有的碎屑食物链

与陆地不同的是，在海洋的河口湾一带海域里，还存在一条以碎屑或死的有机体为营养起点，从残骸分解者即真菌、细菌和某些土壤动物开始的碎屑食物链。在这个以生物残骸为基础的食物链中，几乎没有草食动物以植物为食。当植物死亡，它们的叶、茎和其他部分沉入水底，变成异养细菌和真菌的大本营。这些生物以植物的枯枝败叶为食，并将它们转化成自身的能量。不仅如此，这些生物还将植物体内的化合物分解成简单物质，并将它们释放到生态环境中。当小动物和其他种类的微生物以这些植物碎屑为食时，碎屑上的生物也被一并吞食进去。就这样，植物的能量从分解者开始转移到了动物那里。

科学家为了研究方便，提出了"简化食物网"的概念，即将取食同样的被食者并具有同样的捕食者的不同物种（例如，都捕食虾的鱼类和乌贼，而这些鱼和乌贼都被海鸟捕食），或相同物种的不同发育

沙滩漫步的海豹

阶段，归并在一起作为一个"营养物种"。以"营养物种"来描绘食物网结构就是"简化食物网"。

2. 海洋食物链的存在方式

海洋生物的种类和数量是非常巨大的，而且海洋生物之间的关系也是非常复杂的。

海洋食物链主要有两种基本的存在方式：一种是"牧食食物链"。这种食物链是从绿色植物开始，例如小型浮游微藻转换到浮游动物或者较大的植食性动物中，食物链的顶端主要是肉食性鱼类。第二种形式是"碎屑食物链"，即以碎屑为起点的食物链。食物的转移方式是：从碎屑，包括死亡的有机物、动物粪便、小型原生动物和细菌等，到取食碎屑的小螃蟹、小鱼，以较大的食肉动物如大鱼、海鸟等为最终点。

"海洋牧食食物链"又可分细分为三种类型：大洋食物链、沿岸食物链和上升流食物链。由于这三种水域的环境特点、生活的海洋生物种类不同，其食物链的长短，也就是营养级的数量也不一样。大洋区的生物种类食物链的营养级最多，其次是沿岸食物链，上升流食物链的营养级最少。

 ## 海洋生态系统
面临的危机和挑战

虽然，海中世界是绚丽多彩的，但是受人类活动的影响，她正在面

经济发达的沿海城市

临着前所未有的威胁。在人类出现之后，在很长时间内与自然和平共处，然而，随着工业的不断发展，人类开始对海洋乃至是整个自然界开始大肆掠夺，很多生物在人类面前失去了生命。下面我们就了解一下关于这方面的信息吧！

（1）大量陆源污染物入海的冲击。众所周知，与内陆相比，沿海地区经济相对发达。当然，经济的发展必然伴随着很多垃圾的产生。海洋处在地球的较低位置，而陆地产生的污染物质大部分倾倒或流失入海，如生产和生活污水、石油、有毒有害化学物质、放射性物质……这些生产和生活垃圾严重威胁了海洋资源的生物生存。

（2）不合理开发造成的破坏。由于人类过度开发海洋资源，严重破坏了海洋生物的生存。在这个过程中，人类为什么做不到适可而止呢？大体包括以下几个方面原因：一是人类的无偿索取观念，他们认为海洋资源丰富，可以无偿利用，无限度利用；二是贪利行为，虽然人们知道保护海洋资源的必要性，但是在利润面前，所有的东西都变得非常渺小；三是生存性开发，也就是为了自身生存，当代人生存，过度开发海洋资源，最终严重破坏了海洋生态环境，威胁后代人的生存和发展。

（3）生态目标与经济目标的冲突。如果想要实现可持续发展，海

人口密集的沿海地区

洋开发必须制定生态效益与经济效益统一的目标。然而，在很多经济相对不发达的地区，人们把经济发展作为首要目标，从而忽视了生态目标。另外，由于资金缺乏、技术落后，无法做到经济发展与环境保护协调发展，最终无法在实践中保护环境。

（4）人口趋海移动的压力。在世界上的很多国家，沿海地区更适合人类的生存和发展，所以很多人为了让自己生活得更好，不惜一切代价来到沿海谋求自身利益。在这个过程中，生存空间必然会出现不足，而环境污染也会更加严重。

第二节　聆听海洋生物的泣血悲歌

儒艮的哭泣

儒艮，俗称美人鱼，与亚洲象有共同的祖先，于2500多万年前进入海洋生活。分布于印度—西太平洋海域，目前世界上仅存5个种群，1000~2000头，在中国属于国家一级重点保护动物。有专家估计，儒艮可能在25年后灭绝。儒艮白天在水深30~40米的浅海区活动，有时晚间或黎明也到河口区来觅食，但

濒临灭绝的儒艮

不能在淡水中栖息生活。儒艮多在距海岸20米左右的海草丛中出没，以2~3头的家族群活动，定期浮出水面呼吸。儒艮每天要消耗45千克以上的海草，摄食动作酷似牛，一面咀嚼，一面不停地摆动着头部，所以又称为"海牛"。

体重达500千克以上的成年儒艮，寿命最长可达70岁。它行动迟缓，从不远离海岸。它的游泳速度不快，一般每小时2海里左右，即便是在逃跑时，也不会超过每小时5海里。

儒艮与海马和海龟等一样，都把海草床作为栖身之处，当然，海草床还为其他各种海洋生物提供了温床，包括小型底栖生物、附生于海草上的动物、微生物、寄生生物以及鱼类，尤其重要的是，海草床为许多经济动物，如对虾的幼体提

海草

供了安全、隐蔽，并且营养丰富的栖息场所。一些动物实际上生活于海草上，附着于或结壳于叶子上，还有一些生物则生活在轻柔的海草床上。海草床是各种草食性动物的食物来源，使水下沉积物保持稳定，而且通过死后植物的分解，也为海洋生态系统增添了重要的营养物质。在珊瑚礁环境中，龙虾、海胆以及鱼类在晚上可能会离开珊瑚礁的保护而在附近的海草床中寻找食物。曾有人观察到大群黑色的长满刺的海胆在夜晚从珊瑚礁出发向着海草床行进寻找食物，直到白天来临时才返回的现象。

海草是种子植物在海洋中的唯一代表，是真正的已成功地适应了水下生活方式的陆上植物。其他的植物，例如红树林和盐沼中的海草，生活在海洋中但只有部分时间或周期性地生活在水下。在全球 120 个沿海国家都有分布，面积约为 17.7 万平方千米。

海草的初级生产力非常高，其生长速度很快，每天可长 10 毫米，与玉米、水稻不相上下，因而被认为对近岸海洋环境中的生产力和健康有主要的影响，它与珊瑚礁、红树林并列为世界上生产力最高的生态系统。2003 年根据联合国环境规划署的资料，过去 10 年里，全世界的海洋中有 10% 的海草床消失了。造成海草床减少的原因是什么呢？归结起来，主要是沉积物淤积、污染和有害的渔业作业方式。

在广西壮族自治区的北部湾合浦海域，原来海草茂盛，但由于当地有挖沙虫的习惯，把几千亩的海草床，挖成了"癞痢头"。底拖网作业也对海草床造成严重损害。小功率的渔船在10米以内水深的浅海区进行拖网作业，把大量海草连根拔起，极大地破坏了海草床以及当地的生态环境。海草床的丧失直接危害到像儒艮等珍稀动物的生存。

历史上，儒艮主要分布在中国广西、海南、广东和台湾海域，尤以北部湾海域数量为最多。广西合浦县沙田镇及周边海域共有9处海草床，面积500多公顷。在水温、水质、盐度适中，海底沟槽发育良好，海底草场茂盛的海域，最适宜儒艮的生存与繁殖。1958年以前，我们能看到，成群结队的儒艮在浅海中翻腾嬉戏，特别是天气变化时，不仅在水面扑腾，甚至游到离岸边

茂盛的海底草场

3~5米远的地方。而在1958~1962年，4年间沙田海域共有250多头儒艮遭到捕杀。渔民们用小艇载着渔网到儒艮出没的海域，看见成群结队的儒艮就下网捕捉，有时一网就捕捉到十几头。

你知道吗

儒艮的分布区域

儒艮主要分布于西太平洋与印度洋海岸，特别是有丰富海草生长的地区。虽然它们被认为栖息于浅海，但有时也会移动至较深的海域。它们的分布范围并不连续，这可能与栖息地的合适度和人类活动有关。儒艮在印度洋的由非洲东岸开始，经红海、波斯湾、南非、马达加斯加往东至阿拉伯海与斯里兰卡，其中大部分地区的数量都很少。在太平洋地区包括了印尼、马来西亚、巴布亚新几内亚等东印度群岛，往北达台湾与日本的冲绳岛，往南则包括了澳洲南部以外的邻近海域。

儒艮是一种羞怯、胆小的海洋动物，稍有异常响动便逃之夭夭。20世纪80年代以来，由于沙田海域的各类机动渔船日益增多，最多时可达500多艘。渔船行驶时的隆

隆机器声，使得儒艮不敢游到浅海的海草床中来觅食。

除此之外，日益发展的海水养殖业对儒艮也有影响。最近十几年，沙田海域发展了许多个体贝类养殖场，不仅占据儒艮的生存空间，损害海草床，更有甚者，为了防止人们偷盗贝类，有些人除了在海中设立"瞭望塔"外，还在海中插下无数根长4~5米、碗口粗的木桩，宛如"海上森林"。潮涨潮落时，这些木桩会在海水中发光，还会发出响声，儒艮游近时就会觉得如临大敌，哪里还敢游近浅海觅食呢？更令儒艮致命的是，当地渔民使用电鱼工具捕鱼，海域内时不时冒出电火花。高压电流所到之处，大小鱼虾无一幸免。尽管至今尚无儒艮被电、炸、毒死的报道，但儒艮经受的惊吓是不难想象的。

儒艮，由于人类对其栖息地海

儒艮已经濒临灭绝

草床的破坏和滥捕，已经濒临灭绝。20世纪80年代以来，原本属于儒艮主要出没地的广西合浦海域，已经难觅儒艮的踪迹。1992年10月，国家确定广西合浦沙田及周边的350平方千米海域为国家级儒艮生态自然保护区。

鹦鹉螺与砗磲的泣血哀啼

1."活化石"鹦鹉螺的悲叹

对大多数人来说，对鹦鹉螺的了解和认识，可能更多的是在鹦鹉螺色彩艳丽、纹路多姿、珍珠层厚的贝壳上，其他就所知不多。其实，鹦鹉螺和章鱼、乌贼是近亲，大约在5亿年前，鹦鹉螺就已经在海洋里生活了，其家族曾兴旺一时，但是，由于种种因素，鹦鹉螺已风光不再，正在逐渐走向末日。

在生物学上，鹦鹉螺是头足纲软体动物中唯一具有真正外壳的螺，而且是最早有记录出现的头足类，因此与中华鲟、鲨以及矛尾鱼一样，有"活化石"之称。鹦鹉螺平时群居生活在50~60米水深的海洋中，白天躲在珊瑚礁浅海的岩缝中，晚上出来觅食，主要的食物是虾、螃蟹及小鱼。它有一对发达的大眼睛和约90只触手。和章鱼或乌贼不同

的是，鹦鹉螺的触手没有吸盘，但具有黏性，主要功用是捕捉食物。触手的另一项特殊功能是帮助"睡觉"。鹦鹉螺休息或睡觉时，会用黏性触手拉住岩石，以免被海流卷走。鹦鹉螺的外壳有许多空腔，称为气室，气室之间有一条膜质管子相通，贯通整个螺壳。鹦鹉螺的肉体只住在最外面，最大的一个腔室，称为"住室"。其他的腔室是用来充水或充气的。鹦鹉螺在逐渐长大的过程中，会向外再生长出一个更大的腔室，而把旧腔室封住成为气室。气室的功用是充水或充气，即下沉时充水，沉得越深，充水越多；上升时充气。

鹦鹉螺主要分布在中国的南海和菲律宾到澳洲一带的热带海域，据说发明潜水艇的灵感就是从鹦鹉螺而来的，而第一艘潜水艇的名字也就叫"鹦鹉螺号"。

你知道吗

鹦鹉螺带给人类的启示

人类模仿鹦鹉螺排水、吸水的上浮、下沉方式，制造出了第一艘潜水艇。1954年世界第一艘核潜艇"鹦鹉螺"号诞生，"鹦鹉螺"号总重2800吨，共花费5500万美元。整个艇体长90米，航速平均20节，最大航速25节，可在最大航速下连续航行50天、全程3万千米而不需要加任何燃料。

休息状态的鹦鹉螺

2. "老寿星"砗磲的哀歌

砗磲也叫车渠,是分布于印度洋和西太平洋的一类大型海产双壳类动物。砗磲一名始于东汉,以其纹理像车轮的形状得名。砗磲、珊瑚、珍珠和琥珀并列为西方四大有机宝石。砗磲的纯白度为世界之最。《大般若经》把砗磲与金、银、琉璃、玛瑙、琥珀和珊瑚并列称为佛教七宝。

砗磲贝壳

砗磲的贝壳大而厚,壳面很粗糙,具有隆起的放射肋纹和肋间沟,有的种类肋上长有粗大的鳞片。

在西沙群岛,人们见到的一支最大的砗磲贝壳长达 1.5 米,海南省人民政府把它作为礼物赠送给了香港特别行政区政府。这么大的砗磲,两个贝壳张开宽 1 米多,贝肉70 多千克,整个贝壳重达 225 千克。20 世纪初,在菲律宾海岸发现一枚长 1 米,重 131.5 千克的巨型砗磲,现陈列在美国自然历史博物馆内,据说是外国人发现的最大的一个砗磲,与西沙群岛发现的砗磲比,可说是相形见绌了。其实,砗磲的壳最长可达 2 米多,重量在 250 千克以上,简直是个天然的浴盆。砗磲还是海洋世界里的老寿星,寿命可达百岁。据估测,一般壳长 1 米的个体就已生长百年了,因此,砗磲不仅是个体最大的贝类动物,也是贝类中的老寿星。

砗磲和其他双壳贝类一样,也是靠通过流经体内的海水把食物带进壳来的。但砗磲不仅靠这种方式摄食,它们还有在自己的组织里种植食物的本领。它们同一种单细胞藻类——虫黄藻共生,并以这种藻类作为补充食物,特殊情况下,虫黄藻也可以成为砗磲的主要食物。砗磲和虫黄藻有共生关系,这种关系对彼此都有利。虫黄藻可以借砗磲外套膜提供的方便条件,如空间、光线和代谢产物中的磷、氮和二氧化碳,充分进行繁殖;砗磲则可以利用虫黄藻作为食物。这种自力更生制造的食物,在动物界绝无仅有,科学家将此称为"耕植",砗磲之所以长得如此巨大,估计就是因为它可以从两方面获得食物的缘故。另外,砗磲的肉体斑驳陆离、绚丽多彩,这种漂亮也与虫黄藻有关。

砗磲浑身都是宝,肉可制干、鲜佳肴;壳可做盛器,甚至给小孩

当浴盆，或雕琢成工艺品；内壳的珍珠层，还能生成天然的珍珠。

现在世界上报道的砗磲只有6种，其中库氏砗磲为中国二级保护动物，生活在热带海域的珊瑚礁环境中。中国的台湾、海南、西沙群岛及其他南海岛屿也有分布。

库氏砗磲

海龟的无奈

海龟是一种常年生活在海洋中的爬行动物，它们主要以鱼、虾、海藻为食。海龟广泛分布于热带、亚热带海域，中国南海的南沙群岛和西沙群岛是海龟繁殖的主要场所，每年的4~12月份都有海龟在此产卵，但繁殖盛期是4~7月份。每到繁殖季节，海龟就成群结队地爬上海滩产卵。

说起海龟的繁殖，还有一个非常有趣的现象，平时海龟总是生活在饵料丰富的海域，可一旦性腺成熟，到了繁殖季节，雌海龟就必定会不远万里，长途跋涉，洄游成百上千千米，返回故里的沙滩上产卵育儿，雄性海龟则一入大海，就再也不上岸了。

海龟一般在半夜时分从海水中爬上沙滩，为了赶在天亮前返回大海，刚爬上岸的雌海龟往往顾不上休息，气喘吁吁地连忙爬向稍高的沙滩或灌木丛中，寻找合适地段产卵。它们找到合适的场地后，首先在沙滩上用前肢挖一个宽大的坑，自己伏在里面再用两只后肢扒出一个产卵坑，产下一个个比乒乓球略大的洁白的卵，卵壳坚韧富有弹性，不易破碎。海龟不像别的动物，在一个地方把卵产完，而是要换几个地方分批产卵。每次产完卵，它就要用后肢把沙子拨在卵堆上，然后再将把卵堆上的土轻轻压一压。为了避免卵堆被天敌发现，它又在附近用前肢制造一个假卵堆，再在真伪难辨的假卵堆上面压一压。伪装

沙滩上的海龟

一番后,海龟便不再管自己的后代,拖着疲惫的身体慢慢地、头也不回地返回大海之中。雌海龟只产卵不孵卵,埋在沙堆里的卵必须借助太阳光照射下沙子的温度自然孵化。大约经过40~70天的自然孵化期,小海龟才破壳而出。小海龟一出世便急急忙忙地爬向大海,在大海中长大。长大的海龟又会循着一定的路线千里迢迢返回陆地故里来产卵繁殖。

你知道吗

海龟在中国的生存现状

海龟作为长寿物种的代表,广受中国老百姓喜爱。由于过度捕捞、海洋污染、产卵场受到破坏等因素,海龟的生存环境受到严重威胁,在目前中国分布的五个海龟种类中,其种群状况均为濒危。整个南海成年绿海龟目前不到2000只。惠东县港口海龟保护区作为中国目前唯一的海龟国家级自然保护区,是海龟种群的"最后产床"。

对于雌海龟能准确无误地返回故里的本领,科学家们众说纷纭,有的科学家认为,海龟是利用星星、太阳和月亮做路标,从它们的相对位置来确定自己的航线的;有的科

学家认为海龟大脑的下丘部起着生物节律的作用,具有生物钟的功能;还有的科学家认为,海龟是凭着嗅觉器官,依靠嗅觉找回自己的故里,也就是说,海龟从小尝到原出生地海水的味道,从而在记忆中留下痕迹,是这种痕迹诱导着海龟返回的……

海龟最早出现在距今大约2亿年前的三叠纪中,中生代为繁盛期,与恐龙是同时代的地球生物,它们一起度过了繁荣昌盛时期。历经大地的沧桑,恐龙相继灭绝,成了考古的化石,海龟尽管也开始衰落,但是,它没有像恐龙那样在地球上消失,而是顽强地生活在海洋世界里。现存的海龟与祖先已不完全一样,牙齿逐步消失,代之以角质硬化的嘴老咬嚼食物。它们与现存的陆生龟和淡水龟类也有不同之处,虽说海龟仍是一种用肺呼吸的爬行动物,但爬行的脚已变异呈鳍状,以适于在海洋中的游泳生活。地球上的龟类,大约有300种,但海龟种类并不多,只有7种。在中国西沙、南沙群岛上常见的有5种,即海龟、丽龟、蠵龟、玳瑁和棱皮龟。海龟中体形最大的是棱皮龟,它的体重一般为400千克,而1961年8月在美国加利福尼亚州蒙特利尔附近捕到的一只棱皮龟,体重达865千克,

丽龟

体长 2.54 米。

海龟在整个生命过程中时常要面临来自自然和人类因素的威胁，海龟蛋要受到掠食者浣熊和螃蟹的威胁，它们喜欢到巢穴挖食这些蛋。而新孵化出的小海龟要藏身于沙粒之下来躲避海鸟和鱼类的捕食。只有当海龟长到成年后，才能免于除鲨鱼之外的捕食。科学家们推测，孵化出的 1 万只龟中只有 1 只能活到成熟期。

然而，所有这些妨碍海龟生存的自然威胁，比起人类造成的威胁都显得微不足道。由于海龟全身都

是宝，海龟肉是上等食品；龟板是制造龟胶的原料，是治疗肾亏、失眠、健忘、胃出血、肺病、高血压、肝硬化等多种疾病的良药；龟掌有润肺、健胃、补肾和明目等功效；龟油可治哮喘、气管炎；背甲不仅是中药，有清热解毒作用，而且可以加工成眼镜框、表带和雕刻成精美的工艺品。因此，商业性的捕鱼行为，每年要杀死兼捕上来的数千只海龟。在美国东海海岸，捕虾网就曾经造成了只一个地区 1 年就有 5.5 万只海龟的死亡。虽然国际贸易早有海龟禁止交易的禁令，但经营海龟的捕

捞船从未减少，捕杀海龟的现象屡禁不止。世界自然保护基金会（WWF）在一份报告中说，偷猎者仍在违反颁布已达25年之久的贸易禁令，每年仍有30万只海龟被捕杀。

在大海中倾倒的垃圾，尤其是塑料对海龟来说也是致命的。每年由于错将塑料袋、气球和一次性塑料杯当成水母而误食致死的海龟就多达千只。塑料堵塞了海龟的消化系统，使其饥饿致死。另外，海岸环境的改变对海龟也造成了巨大的冲击，因为海龟在产卵期需要到安静的沙滩来产卵。可是，沙滩上居民房、旅店、商业建筑以及四周保护这些建筑的海堤、防护堤的建造等，都阻碍了雌海龟产卵期的正常产卵。同时，从其他海岸搬运来用以扩充沙滩规模的沙子，往往不适合海龟的产卵。还有外面的照明灯和街灯都会影响雌海龟上岸产卵，或者使孵化的小海龟在爬往大海里的过程中迷失方向。

水污染也造成了海龟的死亡。其他污染物对海藻的侵害，造成海龟最重要的食物——海藻中的含毒量增加。

如今，这些经历了地球气候变化大劫难而幸存下来的海龟，正面对着来自人类活动如捕猎、污染和生存环境被破坏的致命威胁，处于极大的灭绝危机之中。目前，绿海龟、

人类的捕杀是海龟最大的威胁

玳瑁海龟

玳瑁、棱皮龟、肯普氏丽龟，大西洋蠵龟和太平洋丽龟等所有的海龟种类都已被列为受到威胁和濒危的物种。

目前，拯救海龟的一个方法是人工养殖海龟，但这只是一个补救办法，由于海龟躯体大、寿命长，人工养殖的代价是很大的。最经济的养殖方法是前期人工繁殖，然后把大量的小海龟放入大海，并呼吁人类不要再捕杀海龟。

鲎的无助呻吟

鲎在地球上出现的时期可以追溯到3.5亿年前的石炭纪，是与恐龙同时代的海洋动物,恐龙灭绝了，鲎却存活了下来。但是，鲎在长期的进化过程中，变化不大，因此被称为活化石。中国鲎最早出现在第四纪，距今100多万年。

鲎是一种古老的无脊椎动物。

它的头和胸相连，头部的正中是嘴。在嘴的周围有6对爪，行动起来很像蜘蛛，所以人们又叫它鲎蛛。它全身披着硬甲还有一条长满针刺的坚硬长尾巴，自然是防身的武器。

鲎还有一个奇特的现象，那就是除了在它的头部两侧各有一对复眼外，在头部正中还有一对单眼。人们给它冠以一对单眼，是因为它的两只眼睛完全连在了一起，只是在正中以一条细细的黑线相隔。这合二而一的眼睛是鲎行动的指示器，又是近代仿生学者急于模拟之物。因为它像一具最灵敏的电磁波接收器，能接收深海中最微弱的光线，鲎就是靠着它，生活在深邃的海底，行动自如，从不迷失方向。

世界上现存有四种鲎：美洲鲎、中国鲎、马来鲎和圆尾鲎。成年雌鲎个体大过雄鲎。雌鲎体重一般在4千克左右，头胸甲长约40厘米。雄鲎重约2千克，头胸甲长约30厘米。

中国鲎

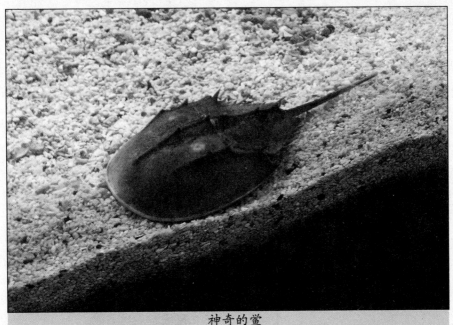

神奇的鲎

中国鲎在夏季繁殖产卵，产卵盛期一般在 6~8 月。产卵场所通常选择在接近高潮区退潮时阳光照得到的沙滩上。一般大潮加上 4~5 级西南风时，岸上的鲎特别多。雌鲎在静置的水里不排卵。雌鲎把卵块产在事先挖好的穴里，雄鲎再把精子排到卵上，一个产卵过程就结束了。一对鲎随潮水涨落上岸，一趟可以连续产几窝卵，每窝卵 300~500 粒。亲鲎离开后，卵被涌进窝里的沙子盖住。从卵子受精到幼鲎孵化需 50~60 天时间。入秋，鲎群又开始从浅海游回深海过冬。幼鲎则在卵窝里过冬，到第二年夏季才爬上滩面，随潮水转移到附近

食物比较丰富的泥质滩涂上生长。

鲎营底栖、穴居生活。无论成鲎还是幼鲎大部分时间都喜欢把身体潜埋在泥沙里。春季水温回升到 18℃时，再游回浅海泥滩上寻找食

海底鹦鹉——雌鲎与雄鲎

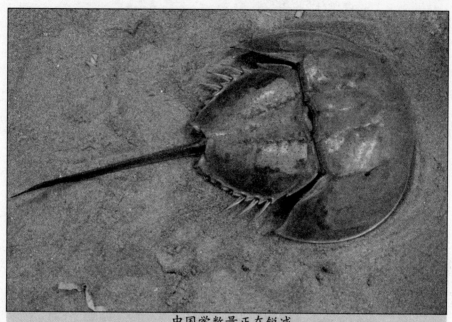

中国鲎数量正在锐减

物。成鲎对水温很敏感，最适范围在 28℃～20℃之间。水温低于 10℃不利于鲎存活，水温降到零度时，成鲎开始停止进食。成鲎很耐饥，连续几个月不吃东西也不会饿死。

鲎最神奇的地方是它的血液。血液中只含有一种多功能的变形细胞，能输送氧气以维持生命。有趣的是，在运动中，细胞经常地改变着形状，有时方，有时圆，有时又多角。但它却是一种低级的原始细胞，血液中缺少高级生物血液中作为生命卫士的白细胞。所以一旦细菌侵入鲎，就只有坐以待毙，别无出路。但是它却能经历 4 亿年沧桑，是什么东西使它免遭灭绝而成为活

化石？这还是个谜。

鲎的血液是蓝色的，这是因为在它的血液里含有铜元素而多数高级动物中的血液含有铁元素。铁遇氧变红，铜遇氧变蓝，这是化学反应的结果。

1968 年，美国科学家试验成功用鲎的血细胞冻干品（鲎试剂）检测细菌内毒素的方法。随后这种方法被迅速推向临床，用于快速诊断内毒素血症、细菌性脑膜炎、细菌尿等疑难病症，挽救垂危患者的性命。与传统的细菌检测办法比较，鲎试剂法不但敏感、快速、可靠而且成本低。1972 年美国科学家库柏又通过实验证明，鲎试剂可以用于

放射性药品和注射品的热源检查，解决了药品检测中的一大难题。

模样古怪而丑陋的鲎，对自己的伴侣却十分忠贞不涂渝，成年的鲎总是成双成对地活动，从不分开。一旦雌雄鲎结为伴侣，就像鹦鹉一样，朝夕形影不离，雄鲎总是趴在雌鲎的背上；而雌鲎总是背负着雄鲎四处活动。因此，每次捕捉鲎的时候十有八九捉到的是一双。在厦门，如果有人只抓到一只鲎，便认为不吉利，马上把它放生。

中国鲎主要分布在福建、浙江、广东、广西壮族自治区、海南沿海海域，少数分布在日本九州以南、爪哇岛以北海域。福建省平潭海域鲎产量曾经居全国第一，新中国成立以前，平潭海域常常是鲎多为患。每年入夏，渔村的房前屋后、田边地头到处是鲎，当地因此有"六月鲎，爬上灶"的说法。20世纪50年代以后，平潭鲎资源量明显减少。即便如此，当时在敖东、马腿等主要产鲎地区，每逢大潮，一个晚上还可以从几百米的滩涂上捕获1000多对成鲎。但是，由于各种原因，近50年来，平潭的中国鲎产量逐年下降。20世纪70年代，平潭鲎产量比50年代末减少80%~90%。到90年代末，平潭鲎已形不成渔业。

中国鲎数量锐减的原因除污染和生态破坏之外，过量捕捞是主要原因。捕捞中国鲎一是为了提取鲎血以及生产甲壳素，二是为了食用。

由于鲎的美味和药用价值给它带来了厄运，更由于成年鲎总是成对活动的习性和人类的贪婪，使它遭到了灭门之灾。长此以往，中国鲎的灭绝已经为期不远了。

 ## "海鲜"不鲜

在中国北方沿海，有一处美丽的海湾——大连湾。这里湾阔海深，山清水秀。海面上塑料浮子成排成行，整齐排列，养殖着海带、贻贝、扇贝等海产品。海底天然生长着海参、鲍鱼、牡蛎和各种贝、藻类，尤其是湾里的牡蛎（俗称"海蛎子"，南方称"蠔"），个大、体肥、味美。一只牡蛎挖出来的肉有的足有乒乓球大小，是其他地方生长的牡蛎不能比拟的。当地老百姓喜欢生食牡蛎，在宴席上也可以做成一道名菜"炸蛎黄"，外酥里嫩，表黄内白，没有吃到嘴里就已经使你垂涎三尺了。生物学家特地用当地的地名把这种牡蛎命名为"大连湾牡蛎"，以防其他种类的牡蛎冒名顶替，败坏了它的声誉。大连人对它们更是倍加青睐，干脆把自己的乡音也叫

牡蛎的无奈

作"海蛎子味"。

也不知从何年何月开始，大连湾里的牡蛎吃起来好像有一股异味，说确切一点是有柴油味。起初油味不浓，后来越来越重了，煮熟后一开锅臭气刺鼻，谁还有食欲呢？只好扔掉。继而，这里捕捞到的鱼、贝、蛤、蟹等都陆续带上了同样的味道。以至于在市场上，只要听说是从大连湾捞上来的海货，买主就摇头走开了。

 你知道吗

海参

海参又名海鼠、海瓜，是一种名贵海产动物，因补益作用类似人参而得名。海参生活在海边至8000米的海洋中，有6亿多年的历史，以海底藻类和浮游生物为食。海参全身长满肉刺，广布于世界各海洋中。海参肉质软嫩，营养丰富，同人参、燕窝、鱼翅齐名，是世界八大珍品之一。但是由于受海洋环境污染的影响，现在海参的数量在急剧减少。

大连湾牡蛎到底是怎样污染上这种油臭的呢？用精密仪器对牡蛎肉进行分析表明，肉中含有石油的成分。这就奇怪了，牡蛎生活在海水中，又不是浸泡在石油里，它们体内的石油究竟来自何方呢？人们

慢慢发现，现在的大连湾已不比往昔了。四周岸边到处是工厂，黑的、黄的、红的污水无所顾忌地排到湾里。海面上巨轮、渔船百舸争流。往日清澈的海水现在到处是一片片彩虹色的油膜，在阳光照耀下闪闪发亮。在海水和海底泥中也都化验出了石油成分。

实验证明，每升海水中即使含有 0.01 毫克的石油，生活在其中的鱼、贝体 24 小时内就可沾上油味。我们把这一浓度称作鱼、贝体产生臭味的临界浓度。当水中油浓度比临界浓度高 10 倍时，鱼、贝类在 2~3 小时就发臭了。

进一步研究发现，石油中含有一些发臭的成分，它们可以通过体表渗透和鳃黏膜侵入鱼、贝体内，随后由血液或体液迅速扩展到全身。

至此，我们可以明白，大连湾牡蛎的油味是附近工厂和船只排出的污油污染了湾里的海水和海底泥，进而危及牡蛎和其他海洋生物的结果。

牡蛎和其他海产品有油臭味人们很容易发觉和识别，大不了忍痛割爱，弃之不用就是了。可是如果这些美味的"海鲜"被细菌和病毒侵入或附着，那问题就严重得多了。1988 年元旦前，上海暴发了一场轰动国内外的甲型肝炎事件就是因为毛蚶被病毒沾污引起的。它严重毁

海底世界的鱼儿

坏了"海鲜"的声誉，以至很长一段时间，江南许多地方的居民只要一提起"海鲜"就头疼，真有谈虎色变的气氛。

毛蚶是一种生活在海底的贝类，是沿海人民喜欢食用的海鲜品之一。它们在海底以滤食海水中的腐殖质和微生物为生，每只毛蚶一天能够过滤120升海水，如果海水中有甲肝病毒、沙门氏菌、痢疾杆菌、嗜盐菌等致病微生物，就会被毛蚶等贝类滤入并在体内积累。

人们食用这类海鲜品一般不愿煮得太熟，有的时候甚至生食，因为这样味道更鲜。然而这样一来，隐藏在毛蚶体内的病毒就逃避了高温的惩罚，甚至因为温度合适反而促使病菌更加大量滋生繁殖。最后这些病毒随海鲜品一起被吃进了人体，在体内兴风作浪，严重危害人类的健康。

毛蚶

类似上面这样因为食用海鲜品而中毒的事件，在国内外曾多次发生。

1959年，山东烟台某厂因食用蛤蚶导致1000多人嗜盐菌中毒，成为新中国成立后我国第一次大规模食用海产品中毒事件。1977年，浙江省宁波市也发生了食用毛蚶引起肝炎暴发的事件。在上海，1987年10月31日发生过一起海洋性细菌——副溶血性弧菌食物中毒事件，有762人中毒。

据统计，从1987年底到1988年初，因生食江苏启东地区的毛蚶共引起上海、江苏、浙江和山东三省一市42.3万人患上甲肝。

国外这方面的例子也不少。早在1942年，日本某地就流行过一次食用蛤仔中毒的事件。中毒者一周后出现呕吐、头痛、倦怠、皮下出血和黄疸等症状，严重者脑中毒死亡。在334名中毒者中有114人丧生。

1955年，瑞典暴发了因生食牡蛎而引起肝炎流行的事件。自那以后的30年间，美、英、意、日和新加坡都相继发生过生食牡蛎和乌蛤等贝类引起甲型肝炎和非甲非乙型肝炎暴发的事件。

在一些国家还发生过食用海鲜引发霍乱病的事件。例如，20世纪60年代，菲律宾流行一种埃尔托霍乱菌引起的副霍乱，是因生食褐虾引起的。1973年这种副霍乱又在意

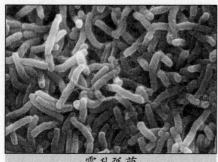

霍乱弧菌

大利那不勒斯流行，调查结果是霍乱弧菌污染贻贝所致。

面对此情此景，我们不禁疑惑："海鲜"何时才能恢复名誉！

其他海洋生物灾难

随着科技的不断进步，人类对海洋的开发利用也越来越频繁，但是对海洋生物的危害也日益严重。下面我们来看看石油污染对海洋生物的巨大影响。

1. 对鱼和虾贝类的危害

石油通常是通过鱼鳃呼吸、代谢、体表渗透和生物链传输逐渐富集于生物体内，从而对鱼类产生毒害作用。中毒类型表现为急性、亚急性和慢性。急性和亚急性中毒是指大剂量、高浓度下的中毒反应，其症状主要表现为致死性、神经性、对造血功能的损伤和酶活性的抑制

慢性中毒影响，即使在小剂量、低浓度之下，仍表现代谢毒性、生活毒性以及"致癌、致畸、致突变"的三致毒理效应。

油污染对幼鱼和鱼卵的危害很大。油膜和油块能黏住大量鱼卵和幼鱼，"托雷·卡尼翁号"事件中，鲱鱼鱼卵有50%~90%死亡，幼鱼也濒临绝迹，而成鱼的捕获量却和平常一样。在油污染的海水中孵化出来的幼鱼大部分是畸形的，主要是鱼体扭曲且无生命力。实验资料表明，汽油对幼鱼的毒性最大，柴油是低毒性的，而润滑油则几乎没有毒性。

鲱鱼

对于蓝鳍金枪鱼来说，美国"深水地平线"钻井平台泄漏的原油来得尤其不是时候，因为这种鱼类正在向墨西哥湾的产卵场活动。据一个追踪千余条蓝鳍金枪鱼活动的自然保护组织称，泄漏原油集中的区域是蓝鳍金枪鱼最主要的繁殖地之

一。蓝鳍金枪鱼对石油的污染反应十分敏感，仅仅接触几滴原油，就会对金枪鱼卵及其幼体造成严重危害。如果大金枪鱼吃掉了误食泄漏原油的小金枪鱼，它们自身也面临死亡的危险。不仅蓝鳍金枪鱼性命堪忧，其他种类的鱼也在危险边缘挣扎。

油类对仔虾的毒性效应主要表现在水中微小乳化的油类，伴随着虾的呼吸破乳后黏在鳃上形成"黑鳃"，轻者影响呼吸及由于呼吸机能障碍引起其他病变，重者可窒息死亡。成虾生活在油污染的海水中，由于鳃部沾满油污使氧的代谢受到影响，并且积累了油水中的有毒物质后导致虾体素质下降；油膜具有隔氧作用，虾长时间生活在缺氧环境中容易感染疾病，经常出现虾蜕皮后或者蜕皮中死亡的症状。

你知道吗

蓬莱油田漏油事故

美国康菲公司与中海油合作开发的蓬莱19—3油田于2011年6月发生溢油事故，康菲被指责处理渤海漏油事故不力；12月，康菲公司遭到百名养殖户的起诉。2012年4月下旬，康菲和中海油总计支付16.83亿元用以赔偿溢油事故。

大海虾对海洋油污染也很敏感。科学家用委内瑞拉原油对美洲大海虾幼体所做实验表明：一升海水中含100毫克这种石油仅在24小时内杀死95%以上的海虾幼体。这一浓度称为该种石油对大海虾幼体的"致死浓度"。它的半数致死浓度（24小时内杀死一半以上）为1毫克/升。当浓度为10毫克/升时大海虾幼体就很难存活了。墨西哥湾深水钻井平台泄油的浓度远远高于10毫克/升，大量的海虾已经无法生存。

海虾对海洋油污染很敏感

2. 对海鸟的污染

海鸟特别容易受到石油污染。海鸟的羽毛有防水性能，但它是亲油性的。在海鸟中，油污染对海鸭、海老鸦、潜水鸟等飞翔能力弱的鸟类和无飞翔能力的企鹅危害最大。当海老鸦或潜水鸟在水中潜游一段距离上浮时，海面上的油污就像油质外套一样，披在它们身上，这时海鸟的反应是立即再一次潜入水中，这样不断上浮下沉，下沉上浮，使

它们在惊恐中死去。而海鸥等飞翔能力较强的海鸟，只要偶然接触到漂浮在海面上的油膜，石油就会渗入或黏住它们的羽毛，使它们游不动也飞不起来。石油对海鸟的主要影响是在于它渗入或黏住其羽毛，破坏羽毛的组织结构。当海鸟受到轻度油污染时，海水能侵入平时充满空气的羽毛空间，使羽毛失去隔热性能，降低了浮力；而受到严重油污染的海鸟，因体重增加而下沉，既游不动也飞不起来。另一方面，被油污染的海鸟，由于羽毛的保温能力大大降低，其耐寒性减弱。受轻度油污染的海鸟虽然有时侥幸游到海滩免于一死，但海滩、卵石上也沾满油污。鸟类在用嘴清理身上的石油时，往往吞下大量石油，不久就开始厌食。油类侵入海鸟体内还能引起肺炎，严重刺激肠胃，使肝内脂肪变化和胃上腺扩大，有时也能导致精神失常。

石油污染带能使自由飞翔的鸟儿置于死地。据统计，1952~1962年间，波罗的海因油污染死亡的海鸟达1万~4万只，荷兰沿岸为1万多只，英国沿海为5万~25万只，整个北大西洋和北海海区，因油污染损失的海鸟累计数竟达到45万只。

阿拉斯加漏油事件后，上万只海鸟陈尸海滩。"埃克森·瓦尔迪兹"

石油污染威胁到海鸟的生命安全

号漏油事故造成大约28万只海鸟死亡。成批海鸟被困在油污中，它们的羽毛一旦沾上油污，就可能中毒或死亡。由于鸟类浮在布满原油的海面上，其羽毛黏结在一起，使其无法飞行及觅食，因此很快便饿死或是因无法飞起而沉入海底。

墨西哥湾特大井喷漏油事件不但造成巨大的经济损失，也造成了严重的生态灾难。在受污染海域的656类物种中，在短短几个月之内，已造成大约28万只海鸟死亡。环颈鸻是一种小型鸟类，经常会在海岸附近活动寻找食物。它们被美国全国奥杜邦协会认为是最易受墨西哥湾泄漏原油伤害的物种之一。环颈鸻不仅面临着与泄漏原油直接接触的风险，还有可能因吃了受原油污染的小型无脊椎动物而中毒。褐鹈鹕是路易斯安那州的州鸟，它们也会受到漏油事件的严重威胁，因为它们经常会漂浮在海面上。这意味着原油会在褐鹈鹕的羽毛上积聚，

令其丧失浮力。原油还会令冷水渗透褐鹈鹕的羽毛，与里面的皮肤发生直接接触，对褐鹈鹕的热调节系统造成危害。此外，褐鹈鹕正处于筑巢季节，而它们往往选择在浮油碰巧经过的海滩筑巢。昔日褐鹈鹕的栖息地如今遍地都是死亡海鸟的尸体。

墨西哥湾特大井喷漏油事件

3. 对海兽的危害

石油对海兽的危害与对海鸟的危害相类似，海兽除鲸、海豚等以外体表均有毛。通常，油膜能粘污海兽的皮毛，溶解其中的油脂物质而使其丧失防水性与保温能力，如海獭、麝香鼠等就是如此。而对于诸如鲸、海豚等体表无毛的海兽，石油不能直接将其致死，但是油块却能堵塞它们的呼吸器官，妨碍其呼吸，严重者甚至窒息而死。此外，石油污染物会干扰海兽的摄食、繁殖、生长等。

阿拉斯加漏油事件发生后，很多海獭为躲开油污，爬上浮桥，在有限面积里挤作一团。海獭习惯性潜入水底找寻食物，然后回到水面呼吸以及摄食，一旦水面布满油污，成千的海獭因缺氧而窒息；此外油污将黏在其毛皮上，使其无法承受本身的重量，因而溺毙。已被油污污染的海豹，一次又一次跃出水面，试图把皮毛上的油污甩掉，但最后终于筋疲力尽，挣扎着沉入海底。海象和鲸等大型海洋动物，也面临同样的厄运。

墨西哥湾特大井喷漏油事件造成数千只海獭、斑海豹、白头海雕等动物死亡，西印度海牛的繁殖率很低，且只吃浅海的水生植物，它还要经常浮出海面呼吸，墨西哥湾水面的油污将不可避免地对其呼吸系统造成影响。

 大海里的金属对生物的危害

沸腾的矿山，爆破声络绎不绝，机器轰鸣，震耳欲聋，大型载重车来回奔驶，一座座山头顷刻夷为平地……人类为了获取工业社会所必需的钢铁以及各种有色金属，建立了庞大的采矿工业和冶金工业，将埋藏在地球深处的矿石开采出来，将含量分散的金属从矿石中提炼出

来。为了炼出 1 吨生铁，需要开采 3~5 吨铁矿石，炼 1 吨钢则需要 10 吨铁矿石；炼 1 吨铜需要的矿石更多，达 200 多吨。从矿石变成可用的金属原料，还需要经过粉碎、选矿、冶炼等一系列复杂过程。金属的制取实在太艰巨太复杂了，因此它是人类智慧和劳动的结晶，是文明社会的宝贵财富。

然而，这些财富在开采、冶炼和使用过程中，却有一部分被人类无意中遗弃到陆上和海洋里，反过来又对人类自身带来损害和灾难。其中比较重要的有汞、镉、铅、铜、锌等。

1. 镉

20 世纪 50 年代中期，在日本中部的富山平原，一条名叫神通川的河流两岸，出现了一种怪病。开始，患者只是在劳动后感觉腰、手和脚等处的关节疼痛。但几年后，全身各部位都发生神经痛、骨痛，使人不能行走，以至呼吸都带来难以忍受的痛苦，最后骨骼软化萎缩，自然骨折，直到饮食不进，疼痛死去。尸体解剖发现，有的患者骨折达 70 多处，身长也缩短了 30 厘米，病态十分凄惨。到 1972 年，患这种病的人已达 280 多人，有 30 多人死亡。这就是举世闻名的公害病——骨痛

病。它是由于神通川上游的三井金属矿业公司神冈炼锌厂排出的含镉废水污染了土壤，进而污染稻米所引起的。

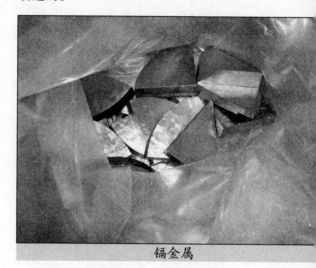

镉金属

镉是一种银白色有光泽的金属，在矿石中常与锌伴生。自然界中都含有一定量的镉，如地壳岩石中平均含镉 0.18 毫克 / 千克，土壤中平均含镉 0.5 毫克 / 千克。

全世界每年生产的 15 000 吨镉，主要用于合金制造、电镀、玻璃、油漆和颜料生产，以及照相器材、光电池、陶瓷、核反应堆等工业部门。美国是消耗镉最多的国家，年平均用量达 5000 多吨，其中 50%~60% 用于电镀业，30% ~35% 用于颜料和其他化合物生产，7%~ 10% 用于金属冶炼。这些工业部门产生的废气、废水和废渣都含有一

定数量的镉，不过，由于生产工艺和"三废"处理程度的不同，镉的含量也不同。例如在我国，有的电镀厂排出的废水每升含镉0.6毫克，某金属加工厂为每升16毫克，而另一家同类工厂则高达每升420毫克。炼锌厂废气虽多经静电除尘处理，但从除尘器中排出的废水含镉仍达1500~2100毫克/升。有一家铜冶炼厂，每分钟排出废水4.9立方米，含镉0.035毫克/升。日本一家炼锌厂废水中含镉0.32毫克/升。而前面提到的神通川河水中含量比这还高，达0.5~0.7毫克/升。

一些国家还将大量的镉矿渣堆积在海滩上或倾倒到海中，如英国每年倾倒在泰晤士河口的矿渣中就含有6~14吨镉。

镉一旦进入海洋，就能够被海洋生物大量积累在体内，并越积越多。尤其是那些活动范围不大的鱼类和贝类更是如此。德国基尔港的贻贝中含镉10~34毫克/千克，而毗邻南威尔士采矿区的一处海湾中，贝类含镉达到119毫克/千克。海洋动物的内脏镉含量更高得惊人，如某些海獭的肾，含量高达500毫克/千克。而在扇贝的肝脏中含量有时竟高达2000毫克/千克。

镉是一种毒性很强的元素，进入人体后很难排出体外，它能在骨骼中"沉淀"，因此它具有潜在的毒性作用。长期接触低浓度的镉化合物，就会出现倦怠乏力、头痛头晕、神经质、鼻黏膜萎缩和溃疡、咳嗽、胃痛等症状。随后还会引起肺气肿、呼吸机能和肾功能衰退。慢性镉中毒则会引起周身骨骼疼痛，骨质疏松或软化，以及肝脏损伤。

当然，目前还没有发生因海洋镉污染对人类健康直接造成的危害，但有些专家已经发出警告，如果大量或长期食用从污染海区捕获的海产品，那么"海洋骨痛病"就难免出现。

2. 铅

打开世界地图，我们不难在大西洋靠近北极圈的附近找到地球上最大的岛——格陵兰。在彩色地图上，它总被涂成一片白色。这是因为岛上绝大部分地区终年被厚厚的一层冰覆盖着，人们称之为"格陵兰冰盖"。据说，冰盖最厚处有几千米。一天，一批科学家顶风冒雪来到这里，在茫茫的冰原上竖起井架，进行钻探，取出一串串冰"岩芯"。他们要研究几千万年前形成的冰与近代形成的冰到底有什么不同。结果发现，在1950年前形成的冰中，每千克只含0.02微克的铅；而1968

年后形成的,铅含量增加了十几倍。而且越是新近形成的冰,铅含量越高,这显然与近代人为活动和工业污染有关。但是令人费解的是,格陵兰岛孤立在大西洋中,远离工业区和大城市,这里的铅是从哪里来的呢?

经过几年艰苦的调查,最后查明,原来格陵兰冰盖中的铅是从远处被大气搬运漂洋过海来到这里安家落户的。

无独有偶,前几年在我国首次组织的北极考察中,科学家们在北极中心区的积雪中也测试到了高含量的铅。研究表明,它们中的9/10是人为污染造成的,主要来自欧洲、俄罗斯中部以及北美西部的工业区。

人类使用铅已有相当久远的历史了,大约可以追溯到公元前2000多年。在1850年前,全世界已经炼出7000万吨铅,而1850~1950年的100年间,铅的产量有1.3亿吨。目前每年大约生产350万吨。

铅在工业上有很广泛的用途,冶金和化学工业离不开它,在农业上曾用铅制成杀虫剂和灭菌剂。铅还是生产汽油防爆剂——四乙基铅的重要原料。过去40多年中,已有1000万吨铅用于这一用途。

在有色金属的开采和冶炼过程

铅金属

中产生的废水和废气中都含有一定量的铅。如炼铜废水含铅 0.26 毫克／升，炼锌废水含铅 0.02~0.92 毫克／升，炼铅废水中含 0.3 毫克／升。但是铅主要还是以废气的形式散发到大气中，并最终进入海洋。其中最典型的例子是汽油的燃烧。

当汽油燃烧后，其中所含的铅便散发到大气中形成微小的颗粒。有人估计，每年因汽油燃烧进入海洋中的铅有 3.7 万吨。也有人估计，仅仅在北半球，由汽油燃烧排入大气中的铅就有 35 万吨。其中 25 万吨沉入海洋，10 万吨落在陆地，这其中又有一部分被河水搬运到海中。因此，北半球海洋表层铅的浓度自 1923 年使用四乙基铅作汽油防爆剂以来升高了 4~7 倍，其中沿岸海区升高 10 倍以上。这也许就不难解释为什么格陵兰冰盖中的铅含量逐年增高了。

铅矿的冶炼中也有大量的铅以微粒形式逸入大气，估计每年由此进入海洋的有 3000 吨。此外，铅制剂农药的使用，含铅矿渣的倾倒等也是海洋中铅的重要来源。

自然界的各种物质中本来就多多少少含有铅。清洁的沿岸海水每升铅含量在 $10 \times 10^{-9}~40 \times 10^{-9}$ 克，清洁的大洋水中铅含量更低，每升只有 $1 \times 10^{-9}~2 \times 10^{-9}$ 克。由于人类活动的影响，海洋环境中铅的含量明显增高了。但是铅在世界海洋中的分布是很不均匀的，而且有两个特点，一是近岸水域比外海铅含量高得多，二是表层海水和底泥中铅含量较高。

铅在海洋环境中容易被海洋生物吸收并在其体内蓄积。实验表明，某些海洋动物体内铅的浓度比周围海水要高出 1400 多倍。因此随着海洋中铅含量的逐年增高，生活在其中的生物体含铅量也必然越来越高。一般认为，现在的海洋生物比几千年前它们的老祖宗体内铅的含量要高出大约 20 倍。

虽然铅的毒性与前面讲过的汞和镉比较起来不算太强烈，而且海洋中铅的增多也不会立刻产生出明显的危害。但是，铅可能会对海洋生态平衡起破坏作用，也有可能使一部分海产品不适于人类食用。有人发现，鱼体内的铅有 25％ 是毒性比较强的四乙基铅。为此，早在 1976 年西德就已经把每升汽油中铅的含量降低了一半多，从 0.4 克降到 0.11 克。20 世纪 80 年代以来，越来越多的国家禁止生产和使用含铅汽油。

铅对人体的毒害是累积性的，在体内主要沉淀在骨骼中，也有少

量贮存在肝、脑、肾和其他的脏器中。当血液含铅超过 80 微克／毫升时，就会引起中毒。铅还是一种潜在的泌尿系统致癌物质。因此，如果人们过多食用被铅污染的海产品，就难免会受到种种损害。

3. 铜和锌

铜器，放置时间久了，表面会变绿，这是常识。生长在大海里的一种贝类——牡蛎，它的肉有时也会变成绿色。对此，你也许会感到新奇或不可思议。然而这却是事实。在世界许多地方，比如日本的名古屋、延冈、竹源、新居滨和日立等地，都曾发现过这样的牡蛎。人们习惯把它们称为"绿色牡蛎"。人们如果吃了这种"绿色牡蛎"，就会呕吐和腹泻。调查发现，这一现象是因为海水里含有太多的铜引起的，不过其中还有锌在"推波助澜"。

铜是生命所必需的元素之一，正常的海水中也含有很少量的铜，一般为 0.1~10.0 微克／升，它们不仅对海洋生物没有害处，还大有益处。因为微量的铜对动物的呼吸和色素细胞的生长有重要作用。但是铜的含量太高了，就会产生害处。

海洋里过量的铜也是人类活动带进来的。考古发现，人类开采和使用铜的历史比其他所有的金属都

铜金属

要早。史前时期，铜就应用于人类的日常生活中。但是那时候的开采量和使用量都很有限。直到现代，随着开采和冶炼技术的提高，应用范围的扩大，铜的产量和使用量大大增加了。目前全世界每年生产铜 540 万吨，其中有约 4 万吨通过工业污水排到了海洋里。另外，煤里含的铜也有一部分在燃烧时散发到大气中，最后也沉降在海里。连同岩石自然风化带入海的，有人估计每年进入海洋的铜，总量有 25 万吨左右。

海洋生物对海水里的铜一般都有较强的蓄积能力，有的体内含铜量可以高出周围海水里的 7500 倍。牡蛎就属于这类蓄积能力很强的海洋生物。如果每升海水里含 0.13 毫克的铜，牡蛎就会变成绿色。含量再高，还能导致牡蛎死亡。

另一种金属锌在海水中含量太高，也会引起牡蛎变绿，而且能影响牡蛎幼体的发育。1 升海水中只

要含有0.3毫克的锌，牡蛎幼体的生长速度就会明显减慢；当1升海水中锌含量达到0.5毫克时，牡蛎幼体发育就会停止或者死亡。

人们发现，含铜量高的海水，锌的含量一般也较高，这也许是大自然的有意安排。然而这样一来，牡蛎变绿的机会却大大增加了。因为铜和锌在一起对牡蛎的影响要比它们单独存在时的影响大得多。我们把这种1+1＞2的作用叫作污染物的"协同作用"。

海洋遭到铜和锌的污染，还会对鱼类产生有害影响。虽然轻微污染不至于毒杀鱼类，但却会把鱼"赶"到其他比较干净的地方。这就势必导致污染海区鱼类大大减少，给海洋渔业造成损失。如果污染比较严重，那些活动范围不大的鱼类就会遭殃，因为高浓度的铜和锌时鱼的鳃和皮肤有腐蚀作用，使它们呼吸困难，最后导致死亡。

金属的光彩是迷人的，但被人类遗弃在大海里的金属却成了毒杀海洋生物大家族成员乃至人类的"杀手"。

第二章
海洋的健康 我们的幸福

　　每个人的心中都有关于海洋的蔚蓝色诗行，同时，我们每个人对海洋的热爱是刻骨铭心的，她总能让我们躁动的心平静，让我们安逸的心振奋，不仅如此，发现、探究海洋又充满了乐趣和挑战。海洋的痛牵动着我们的心，那是梦中的蓝色，不允许任何人破坏这份神圣。为了这份热爱，让我们一起来保护海洋。

第一节　海洋健康始于"预防"

别让污染物"玷污"它们

要有效地减少污染物的入海，首先应该合理地选择生产工艺流程和设备，用污染较少或没有污染的产品代替污染严重的产品，把污染物扼死在"娘胎"里。

工业污水要经过处理以后再排放

以化学工业为例，用不同的原料和工艺生产所造成污染的后果截然不同。比如，以往世界各国的氯碱工业都用汞作催化剂，汞的用量很大，随污水流到环境里的也很多。在瑞典，从前每生产1吨氯气和700千克碱，废水中就含有40~60克汞。改革工艺后，减少到4~6克，降低了90%左右。如果将这种废水再经过处理，汞含量还可减少到0.7克。美国一家化学公司，过去每天由废水排出的汞有90千克，改革工艺后降到0.25千克。另一家公司废水含汞也减少到0.001毫克/升以下。

在工业生产中，用直接法代替间接法，生产工艺流程缩短，所耗用的原料和辅助材料就会相应减少，污染物的产生量也会因之大大降低。例如过去用异丙醇法生产丙酮，每

吨产品要产生 90~135 千克有机污染物，污水中还同时混有铜、锌等有害金属。改用丙烯直接氧化法后，每吨产品只排出 2.84 立方米废水，而且其中的有机污染物处理起来也比较容易。

　　改进设备和提高管理水平也是"预防为主"的重要内容之一。众所周知，炼油厂和石油化工厂各种管道密如蛛网，稍有不慎就会造成原料和成品的漏泄污染。一座年产 22 万吨乙烯的工厂，每天罐、管、泵、阀的跑、冒、滴、漏损失可以达到 4.7 吨。因此提高管道及设备的质量和密封性，加强管理十分重要。大连石油七厂，过去一走进炼油厂厂区就可闻到一股强烈的油味，各种

管线上油渍斑斑，地上到处是油污，只要看一眼工人穿的工作服就会意识到你是处在油污的包围之中。但是，现在你再去参观，就会误以为是走进了"大观园"。"园"内绿树成荫，花卉争艳，蒸馏塔、输油管线……一律银光锃亮，就像喷气式客机的机身。身着白色服装的工作人员来来往往仿佛置身于医院里。从前，该厂每年跑、冒、滴、漏大量的原油和各种成品油，现在基本看不到了。美国一家化学公司的工厂采取了改进设备和提高管理水平等措施后，不仅减少了污染物的产生量，每年还额外增加 300 万美元的收益。

　　对一些曾经广泛使用的化学产

炼油厂可以改进设备预防污染

品，由于污染后果严重，许多国家已经禁止或限制生产和使用，而代之以污染较轻或无污染的产品。四乙基铅和有机氯农药就是这方面最典型的例子。

20世纪70年代以前，全世界每年用来生产四乙基铅的金属铅有80万吨，造成了环境铅严重污染。为了解决这一问题，美国环境保护局规定自1974年7月1日起，全国一般汽车禁止使用含铅汽油。到1972年，全世界用于生产四乙基铅的金属铅耗量已经降到40万吨以下。日本则采用在汽油中添加甲醇的办法减少四乙基铅的用量。中国也已明确规定，从1999年1月1日起全国禁止使用含铅汽油。据2011年联合国环境规划署表示，全球范围内淘汰含铅交通燃料的目标已基本实现。

对农药来说，早期使用的砷制剂和汞制剂农药现在已经基本禁止或限制使用了。有机氯农药在20世纪40年代曾盛极一时，但到20世纪70年代，一些国家和地区就开始禁止生产和使用了，大部分国家也做出了限制的规定。尤其是《寂静的春天》一书披露了滴滴涕对全球环境造成严重污染以后，先后有十多个国家禁止使用这种农药。美国还禁止用某些除莠剂，日本则禁用六六六。

从农药的发展方向来看，已逐步用抗生素农药和生物天敌来代替原有的化学农药。已经投入使用的抗生素农药有青霉素、灭瘟素、千叶霉素、灰黄霉素、氯霉素、链霉素等。后来，又发展用合成激素农药作为选择性杀虫剂，如性诱激素、细胞壁合成抑制剂和昆虫变态激素等。

灰黄霉素粉末

此外，为了减轻海域的富营养化，减少赤潮的发生，许多发达国家先后颁布法令禁止使用含磷洗涤剂。例如，日本早在20世纪70年代就禁止琵琶湖周围的城市居民使用含磷洗涤剂，对保护琵琶湖水质起到了很好的作用。在中国，杭州市是率先采取这种措施的城市。杭州市从1998年12月1日起禁止销售、使用含磷洗涤剂，大力推广使用无磷洗涤用品。

在工业生产中，还有一种预防

污染的重要措施越来越受到各国的重视，这就是"密封循环"的新工艺流程。所谓"密封循环"，是指生产中的排出物通过一定的处理，再使它们重新返回生产系统中，这样既可以避免污染物排入环境，又可以使排出物中夹带的原料和中间产品得到回收和重新使用。例如美国联合化学公司在氟利昂冷冻剂的生产中，由于采用了密封循环，废水中碱的浓度从原来的10%~20%降到了3%，减少了污染物的排放量。美国杜邦公司的许多工厂采用了这种工艺流程，使全部的冷却水保持在一个闭路循环中，大大提高了水的利用率。

从前，工业废水尤其是生活污水普遍与城市的雨水排泄混合排放。这样，不仅扩大了污染面，也给污水处理增加了不少难度。后来，逐步推行"清污分流"，或称"雨污分流"，将污水纳入专门的排泄系统进行处理。例如，青岛市城建规划中，根据青岛市区的地形特点和排水设施的现状，将市内分为5个雨水排泄区和5个污水排泄区，实行雨污分流。雨水就近排入河海，污水分区集中，并在市内5区兴建7座污水处理厂，总处理能力每日27万吨。但是实行清污分流需要对原有的排水管线进行改造。德国一家苯胺苏打厂为改造水处理系统花费了3亿美元。美国和日本化学工业控制污染的投资也大部分用在了这一方面。

被有效利用的雨水

拒绝油污 还海水湛蓝

海洋石油泄漏事故来势凶猛，危害严重。处理这种事故，尚未有完全有效的方法。现在人们通常采用的是物理法、化学法和生物法来清除海洋石油污染。物理法包括拦截撇捞法、吸附法；化学法包括燃烧法和化学分散法；生物法目前使用的是微生物吞食处理法。

第一，拦截撇捞法。这种办法在石油泄漏的初期最为有效。它能使石油在水面扩散之前，尚未形成油水胶冻体时，把漂浮在水面上的石油捞上来。当重大石油泄漏事故

吸油剂

发生后，立即用长达数百米或上千米的栅栏截成防护圈，水面漂浮边缘可充分膨胀，形成一道水上屏障，防止石油扩散蔓延，再辅以一种只吸油不吸水的网具将聚集在防护圈边缘的石油吸取上来，用轧液机挤出后收集。但是，这种方法在遇到狂风恶浪的天气，或者出事地点地势复杂时，就很难奏效了。

第二，吸附法。这种方法是采用高性能的吸油剂来吸附海面上的石油，然后将吸油剂收集清理，以达到清除海上油污的目的。目前，科学家用稻壳制成一种活性炭吸油剂，该吸油剂不需要用中和油制的化学制品，成本只有其他吸油剂的1/10。经实验，这种吸油剂1千克就能吸附6.8千克的油和水，而且对海洋不会造成二次污染。

第三，燃烧法。这种方法简便易行，只需点一把火即可。但该法只能清除石油中的可燃部分，海水中将会留下更难以处理的石油残留黏稠物质，并且燃烧时产生的烟雾也会造成环境污染。

第四，化学分散法。这种方法采用的分散剂是由溶剂和表面活性剂组成。溶剂是表面活性剂的载体，同时也能扩散石油。表面活性剂将石油分解成易被海洋微生物吞食的液滴。这些小液滴被潮水冲散后，分布在1米左右深的海水中，

然后被海洋微生物吞食。但该法在清除海上油污时也会对鱼类等海洋生物造成二次污染，并且处理速度较慢。

第五，微生物吞食法。这种方法是人工培养的石油清污微生物。将这些微生物大量抛撒在石油污染水域来迅速吞食泄漏出来的石油，这种方法尚不成熟。为了激活这些微生物去吞食石油，需要在抛撒微生物的同时，加入大量的氧、氮、磷酸盐。这种方法只适用于小面积污染区和被拦截的污染区域，否则这些微生物将如同脱缰的野马，很难控制，造成严重后果。

另外，目前处理石油污染废水的生物技术主要包括活性污泥法、氧化沟法、生物膜法等。

（1）活性污泥法是借助曝气或者机械搅拌，使活性污泥均匀分布于曝气池内，微生物壁外的黏液将污水中的污染物吸附，并在酶的作用下对有机物进行新陈代谢转化。20世纪80年代，石油废水普遍采

石油清污微生物

用的二级生物治理方法是传统活性污泥法。采用SBR（序列间歇式活性污泥法）法处理油田采出水，结果表明，COD（化学需氧量）去除率为80%~90%，出水满足行业的排放标准。通过研究SBR以及投菌SBR法处理炼油废水中污染物的效果，实验结果表明，废水中各种污染物的去除率分别为COD93.5%、石油类98.6%、总氮89.8%。SBR工艺是一种新型的高效废水处理技术，是对传统活性污泥法的改进。该方法具有固液分离效果好、工艺简单、占地少、建设费用低、耐冲击负荷强、温度影响小、活性污泥状态良好、处理能力强等优点，是处理石油废水的一种具有广阔前景的处理方法。

（2）氧化沟法对各种含高COD（化学需氧量）、BOD（生化需氧量）、油类等有机废水的深度处理十分有效。它的曝气池呈封闭、环状跑道式，污水和活性污泥以及各种微生物混合在沟渠中作循环流动。氧化沟法在处理含油废水方面应用实例比较多，但是其处理效果没有达到处理要求。有很多企业都采用了氧化沟工艺。其处理出水水质与进水水质有关，只有确保一定的进水水质时，出水才会达到理想的处理效果。专家们根据工艺原理

分析了氧化沟不能取得理想处理效果的原因，提出了很多的改善对策。在氧化沟现有处理能力和工艺特色的基础上，有专家探索出了一套投菌氧化沟曝气的处理方案，实验结果表明，在相同的水力停留时间等条件下，可以将去除率提高10%左右，如果要得到相同的去除率可以大大缩短水力停留时间，且出水COD值可以更低。与活性污泥法相比，氧化沟具有很多优点：工艺简单，不仅可以去除BOD，还可以达到脱氮除磷的效果，设备少，操作管理简便，低温，有更大适应性等。氧化沟是活性污泥法的发展，但是只有满足工艺要求时，才能发挥去污效果。

 **你知道吗**

遇到海洋溢油的事件怎么办

遇到海洋溢油的事件最好采取机械回收法，因为这是对环境造成最小污染的一种方法。机械回收的工作过程首先是在溢油水域布设围油栏，然后将"撇油器"也就是油水分离器放到水面上，利用油和水不同物理机制将两者分离，然后通过水泵抽到存储舱，达到一定量后转到岸上进行油水分离，分离出来的水达到环保标准后再排到海里，油则回收。

（3）目前，应用较广泛的生物膜法主要包括生物转盘、生物流

采用氧化沟法对有机废水处理

化床、接触氧化法和膜生物反应器等。生物转盘是利用较大的比表面积，在低能耗的条件下转动产生高效曝气，使得氧气、水和膜之间有较好的接触。盘片表面附着的膜状微生物在其新陈代谢的过程中对有机污染物进行无害化降解。研究人员利用环境微生物技术，开发出高温优势菌生物膜法处理采油废水，实验结果表明：硫化物的平均去除率达98%，挥发酚的平均去除率为91%，COD平均去除率为68%，氨氮平均去除率为82%。生物流化床处理技术是借助流体使表面生长着微生物的固体颗粒呈流态化，同时进行去除和降解有机物的生物膜法处理技术。影响其处理效果的因素有载体的选择、菌种的筛选等；接触氧化法除了可以降低COD，还可以用于去除氨氮，尤其适合应用于炼油废水的净化。实验结果表明，用接触氧化法工艺处理COD ≤ 500毫克／升的石油废水时，硝化细菌是优势菌，能同时有效去除氨氮和COD等。接触氧化法可以克服活性污泥法容易污泥膨胀和超标排放的缺点，具有有机负荷高、抗冲击能力强、对废水中的毒物忍耐力较大等优点，而且对氨氮也有较好的去除效果。接触氧化法多用于深度处理含油废水，其技术关键在于对进

生物转盘

水可生化性的控制。

 防治石油污染有对策

由于海洋石油污染是一种环境公害，所以引起了全世界的广泛关注，各个国家开始采取防治海洋环境污染的对策。据统计，进入海洋环境的石油，大部分是由人类活动造成的，只有很少部分是属于自然溢流。所以，要想治理海洋石油污染应从人类入手，只有这样，才能治标也治本。

1. 提高环保意识，保护海洋

正因为有海洋的存在，世界上才出现了生命，人类才能不断发展。然而随着社会的发展，人们把海洋当作天然的垃圾倾倒场所，向海洋

中不断排放废水、废气、废渣……然而，海洋的自净能力是非常有限的，如果人类对海洋的污染超过了海洋的自净能力，这必然会产生非常恶劣的影响。我国的海域是我国可持续发展的重要资源。然而根据我国海岸带与滩涂资源的综合调查，每年进入我国近岸海域的污染物总量数字惊人，而且我国的石油污染越来越严重。所以，提高人们的环境素质，改变人们受石油利益的驱使是非常必要的，因为只有这样才能真正缓解海洋的压力，否则后果不堪设想。

2. 加强立法监督，加大执法力度

在我国，有专门针对海洋石油污染的专项法律，但数量还是比较少的，法律体系也不健全。而《海洋环境保护法》对关于海洋石油污染的原则性条款是非常难以正确运用的，而所处罚的只是后果，并没有对海洋环境的生态价值进行很好的考虑。因此，我国要进一步制定《石油法》《石油污染法》等法律法规，严格执行在《中华人民共和国刑法》中确立"污染海洋罪"等，这些都是非常重要的举措。在全球范围内，各国在遵守《联合国海洋法公约》及其他国际法规的前提下，应依据本国国情，加快制定和实行海洋石油污染的专项法律，加大监管和执法力度，加强对油轮的管理和对船员的培训。在国际上，处罚那些对海域和公海造成严重石油污染的国家或单位。另外，在治理环境污染的过程中应加强国际合作，取得全球环境效益。

海上巨型油轮

3. 实行综合治理，加强技术研究

要想对海洋石油污染进行综合治理，需要治理各个环节，如石油勘探、开采、运输、加工、储存、使用、污染治理……另外，还要开发利用新能源，减少使用石油。国家之间、国家内部不同生产部门科研院所之间应该密切合作，不断开发新技术，提高石油的生产和使用效率，对工业排放进行无害化处理，最终实现在环境治理中发展。另外，石油运输部门还要定期检查运输设备，严格实行油轮使用期限制度；在运输设备上逐渐淘汰单壳油轮，改用双壳油轮运输，尽量减少石油泄漏的可能性；加强石油运输压舱水排放处理前的石油净化处理；进一步研究海洋石油污染的处理方法、吸油材料和吸油技术……无论如何，一定要尽最大的努力找到解决问题的办法，因地制宜，最终恢复污染海区的生态环境，为人类带来便利。

4. 加强国际合作，做好监测预警

现代社会是一个信息社会，所以整个地球就是一个"数字地球"。而海洋作为"数字地球"的一部分也需要加快数字化建设。其主要措施包括：充分利用科学技术对海洋石油污染实行实时动态监控，建立一个国家、地区乃至全球的油污防备和反应系统，加快海洋污染预警系统的开发和使用……在这一方面很多国家早已经着手，如美国新泽西环保局建立了基于遥感和地理信息系统的应急响应系统、美国环境科学研究所开发了溢油和有毒物质应急系统……

利用海洋污染预警系统监控海洋

我国是一个海洋大国，在全球进行"数字海洋"建设的过程中，我们应该抓住发展机遇，勇于面对挑战。当然，我国在海洋石油污染防治方面取得了一定的成效，但与国外相比还有一定的差距，所以在学习他人的时候也应该加强交流与合作，积极开发我国的海洋石油污染监测和预警系统，加快我国"数字海洋"建设的步伐，及时、准确、

可靠、全面地反映海洋石油污染的来源、现状和发展趋势，为治理好我国的海洋石油污染，加快我国的经济建设、环境建设和海洋资源的开发利用提供科学依据，最终服务于全人类。

赤潮的预防

保护海洋资源环境，保证海水养殖业的发展，维护人类的健康。避免和减少赤潮灾害，结合实际情况，对预防赤潮灾害采取相应的措施及对策。

1. 控制污水入海量，防止海水富营养化

海水富营养化是形成赤潮的物质基础。携带大量无机物的工业废水及生活污水排放入海是引起海域富营养化的主要原因。我国沿海地区是经济发展的重要基地，人口密集，工农业生产较发达。然而也导

海水富营养化日益严重

致大量的工业废水和生活污水排入海中。据统计，占全国面积不足5%的沿海地区每年向海洋排放的工业废水和生活污水近70亿吨。随着沿海地区经济的进一步发展，污水入海量还会增加。因此，必须采取有效措施，严格控制工业废水和生活污水向海洋超标排放。按照国家制定的海水标准和海洋环境保护法的要求，对排放入海的工业废水和生活污水要进行严格处理。

控制工业废水和生活污水向海洋超标排放，减轻海洋负载，提高海洋的自净能力，应采取如下措施：①实行排放总量和浓度控制相结合的方法，控制陆源污染物向海洋超标排放，特别要严格控制含大量有机物和富营养盐污水的入海量；②在工业集中和人口密集区域以及排放污水量大的工矿企业，建立污水处理装置，严格按污水排放标准向海洋排放；③克服污水集中向海洋排放，尤其是经较长时间干旱的纳污河流，在径流突然增大的情况下，采取分期分批排放，减少海水瞬时负荷量。

2. 建立海洋环境监视网络，加强赤潮监视

我国海域辽阔，海岸线漫长，仅凭国家和有关部门力量，对海洋

进行全面监视是很难做到。有必要把目前各主管海洋环境的单位、沿海广大居民、渔业捕捞船、海上生产部门和社会各方面力量组织起来，开展专业和群众相结合的海洋监视活动，扩大监视海洋的覆盖面，及时获取赤潮和与赤潮有密切关系的污染信息。监视网络组织部门可根据工作计划，组织各方面的力量对赤潮进行全面监视。特别是赤潮多发区，近岸水域，海水养殖区和江河入海口水域要进行严密监视，及时获取赤潮信息。一旦发现赤潮和赤潮征兆，监视网络机构可及时通知有关部门，有组织有计划地进行跟踪监视监测，提出治理措施，千方百计减少赤潮的危害。

3. 加强海洋环境的监测，开展赤潮的预报服务

为使赤潮灾害控制在最小限度，减少损失，必须积极开展赤潮预报

海洋立体监测

服务。众所周知，赤潮发生涉及生物、化学、水文、气象以及海洋地质等众多因素。目前还没有较完善的预报模式适应于预报服务。因此，应加强赤潮预报模式的研究，了解赤潮的发生、发展和消衰机理。

为全面了解赤潮的发生机制，应该对海洋环境和生态进行全面监测，尤其是赤潮的多发区，海洋污染较严重的海域，要增加监测频率和密度。当有赤潮发生时，应对赤潮进行跟踪监视监测，及时获取资料。在获得大量资料的基础上，对赤潮的形成机制进行研究分析，提出预报模式，开展赤潮预报服务。加强海洋环境和生态监测：一是为研究和预报赤潮的形成机制提供资料；二是为开展赤潮治理工作提供实时资料；三是以便更好地提出预防对策和措施。

4. 科学合理地开发利用海洋

调查资料表明，近几年赤潮多发生于沿岸排污口、海洋环境条件较差、潮流较弱、水体交换能力较弱的海区，而海洋环境状况的恶化，又是由于沿岸工业、海岸工程、盐业、养殖业和海洋油气开发等行业没有统筹安排，布局不合理造成的。为避免和减少赤潮灾害的发生，应开展海洋功能区规划工作，从全局

出发，科学指导海洋开发和利用。对重点海域要做出开发规划，减少盲目性，做到积极保护、科学管理、全面规划、综合开发。另外，海水养殖业应积极推广科学养殖技术，加强养殖业的科学管理，控制养殖废水的排放，保持养殖水质处于良好状态，加强社会教育和宣传。赤潮一旦发生，其后果相当严重。因此，要经常通过报刊、广播、电视、网络等各种新闻媒介，向全社会广泛开展关于赤潮的科普宣传，通过宣传教育，增强抗灾防灾的意识能力。同时也呼吁社会各方面在全面开发海洋的同时，高度重视海洋环境的保护，提高全民保护海洋的意识。只有保护好海洋，才能不断向海洋索取财富，反之，将会带来不可估量的损失。

吞噬油污的细菌

早在 20 世纪 60 年代，美国等国科学家就开始用细菌等微生物清除海洋油污。一种较为原始的方法是，首先将那些喜食石油烃类的细菌从众多种类的微生物中采用分离方法"聘请"出来，配以特殊美食——包括石油烃类的各种营养物，二者按一定配比混合后置于发酵罐内，并提供干净无杂菌的空气，在一定温度下让其大量繁衍子孙；然后将消化不同石油烃类的细菌混合起来，投放石油污染海域，同时补以氮、磷等营养物质。

如美国新生产的一种叫"佩特德兹"的物质就是由 20 种细菌混合而成，并具有良好的吞噬油污的效能。当代生物工程师们则采用现代遗传工程技术，通过质粒转移方法，把各种细菌不同功能的基因转移到一种细菌体内，便可培养出"高级石油降解细菌"。遗传学告诉我们，细菌降解石油烃的能力，主要由染色体遗传物质中的质粒即 DNA 所控制的，而且这种特性在细胞分裂繁殖时传递给子代细胞。世界上第一个从假单孢杆菌中发现能够降解樟脑、分解萘、水杨酸盐、辛烷、二甲苯等高分子有机物质粒的是美籍

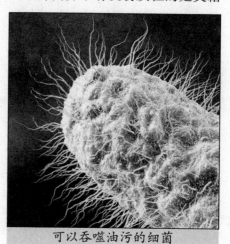

可以吞噬油污的细菌

印度科学家卡克里巴蒂。他发现长期暴露在石油或其他烃类环境的微生物中，一部分细菌可意外地获得具有烃类同化酶编码的质粒，从而通过接合或转移而移植到另一种细菌体内。1976年，他又成功地将3个烃类质粒转移到同一株铜绿假单孢菌体内；紧接着，他又奇迹般地把固氮基因通过基因嫁接法植入这个细菌体内，从而获得了既可分解原油烃类、又能自行固氮的世上绝无仅有的"超级细菌"。

细菌清除油污的前景如何呢？1989年，美国阿尔法环保公司首先使用石油降解细菌，成功地清除了溢入墨西哥湾的几百万加仑原油，实现了科学家们多年的夙愿。当"瓦尔迪兹"号超级油轮再次失事于阿拉斯加海后，美国环保局立即制定了物理治理与细菌治理相结合的消油行动方案，并取得了举世公认的成效。针对20世纪最严重的海湾油污事件，据说美国政府已委托卡克里巴蒂组成一个微生物除污突击队，人们寄予厚望，因为同传统的物理化学方法相比，细菌除污具有兼除表面油膜和海底石油的特效。看来，把吞噬油污的超级细菌作为未来"清洁海洋"计划的一个重要生力军是不容怀疑的。

日本治理海洋污染的启示

在世界各国中，日本通过一系列措施治理海洋污染取得了令人瞩目的成就，当然，日本海洋环境治理与海洋环境保护也经过了一段曲折的过程。20世纪50~60年代初的日本，将复兴经济摆在了优先位置。由于片面发展经济，环保意识薄弱，使得以工业集中的地区为中心，出现了直接危害人体健康、影响正常生活的海洋环境公害污染，成为污染问题渐露端倪的时期。在一些地方出现了"水俣病""骨痛症"等。

以上述污染问题处理为契机，为保护大气、水质，日本政府于1958年制定了《公共水域水质保全法》和《工厂排污规制法》，正式拉开了日本全国性治理海洋污染的序幕。20世纪60~70年代，是日本经济飞速成长时期，也是污染问题日益显著化、社会化的时期，日本政府加大了海洋环境保护力度，特别重视海洋环境立法工作，强调通过依法治理海洋环境问题。在此期间，日本先后出台了《水质污染防治法》《海洋污染防治法》和《自然环境保护法》等一系列环保法律，基本形成了海洋环境法规体系，为

绚丽多彩的海洋

治理海洋问题打下了良好的法律基础。与此同时，日本还不断加强海洋环境管理体制，在特定事业所设立了"防治公害专职管理者"。

随着各项相关法令的制定、海洋环境管理体制的不断完善，以及企业大规模环保设备投资等努力，海洋环境治理初见成效。到 20 世纪 70 年代后期，海洋污染已经得到很好的控制。

今天的日本，空气清新、环境优美、山清水秀、海水清澈，充分显示了保护工作的巨大成效。我们一起看看日本治理海洋污染采取的措施。

1. 通过有效措施逐步解决

海洋环境问题是可以解决的，关键是要政策到位、措施有力。回顾日本海洋环境保护历程可以看到，日本在快速工业化过程中，没有充分注意到海洋环境污染问题，造成了严重的污染，付出了沉重的代价，如果当时及早注意这一问题，代价会小得多。

日本政府在解决海洋环境问题的过程中，对于企业不能采取强制措施，要求企业达到什么标准，更不能直接下达治理指标，而是通过公布全社会污染控制总目标引导企业进行环保，同时通过市场行为，也就是能源价格等调控企业环保行为，减少海洋环境污染。海洋工业

污染主要是工厂排放废气、废水、废渣等，解决措施主要是通过各种法律和经济措施解决，要求工厂减少排放，否则处以罚款，而对于工厂在海洋环保科研、设备方面的投入，政府给予一定的补贴，企业根据生产情况提出环保课题，并且由企业自己组织科研人员，包括院校、社会科研单位的人员研究解决。

同时，政府在市场上推出绿色环境标志制度，鼓励消费者购买环保产品，而没有绿色环境保护标志的产品，在市场上就得不到市民的认可。在日本，一个企业如果对环保无动于衷，消费者就不会满意，市场就会淘汰其产品。也就是说，环保不仅是政府的要求，也是市场的要求。

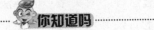

你知道吗

保护海洋从身边开始

用天然的、无公害的物品代替化学制品、家具和杀虫剂——按照美国环保署的说法，美国家庭中拥有的污染物是其他国家和地区家庭的 2 至 5 倍，究其原因是家庭清洁剂和杀虫剂用得比较多，且留有很多残余物。当前美国一年要用 8000 万磅的杀虫剂，大部分都会被排入河流以及渗入到地下水中，并通过河流进入海洋。因此可以购买那些无毒害的清洁产品和利用那些天然无害的可控的方法来消灭害虫。

关注海洋环境，保护海洋环境

通过这种"两头堵"的办法，政府与老百姓共同努力，迫使企业向环保方向努力，日本海洋污染在20世纪60~70年代逐步加以解决，到80年代已经基本得到有效控制。

今天，日本正在探寻适合海洋环保要求的未来企业之路，提出未来先进的企业要努力寻找减少使用资源、减轻海洋环境负担、开发新能源、增进生活幸福感的新的发展道路。企业要靠近资源地，利用当地资源组织生产，增加当地就业机会，形成企业新的发展模式。也就是说，未来先进的企业要在发展经济、节约资源与降低海洋环境负荷上达到新的平衡。这是一个重大的时代课题。

为应对传统能源危机，日本大力加强氢能、生物质能等新能源的

生物能源——生物柴油

开发研究，努力实现21世纪以生物质能利用为基础的新发展，实现能源消费从地下化石能源向地上生物能源的转化，实现循环发展。

2.海洋环境问题需要引起全社会重视

日本解决海洋环境污染问题走过了两个明显的阶段，即从治理海洋工业污染入手，逐步向治理海洋全面污染方面转变。海洋环境问题解决越深入越需要全社会的共同支持。

而目前最主要的污染则是面广量大的生活污染，如生活污水、生活垃圾等。日本环保官员认为，与局部性的海洋工业污染相比，日常生活造成的海洋污染治理的难度更大，并且具有持续增加的特点。

日本在解决海洋工业污染的过程中，注意充分利用消费者的市场约束能力，在全社会形成了"以使用绿色环保产品为荣"的消费理念，为海洋环境保护支付了必要的成本。

要真正解决生活污染这一难题，更需要广大消费者的积极配合与支持，民众的生活方式要向文明、有利于海洋环保的方向转变。今天在日本，垃圾分类已经成为普通百姓的行为方式，这对于解决垃圾处理难题提供了良好的基础条件。

3. 经验教训值得借鉴

日本在经济成长过程中解决海洋环境问题的经验教训值得我国认真借鉴。

（1）政府加强海洋环境规划研究。明确治理工作重点，分步骤分阶段，逐步加以解决。

（2）加强市场机制在治理海洋环境问题中的力度。海洋环境问题光靠政府提倡、惩处是不够的，关键是要通过一系列政策措施，引导企业形成自觉的环保意识，使它们认识到不重视环保，产品就没有出路，企业就没有出路，从而形成内在的环保机制与内生的环保动力。可以通过能源价格、环保补贴等具体办法加以推进。

（3）要大力提倡并弘扬健康、积极的消费理念与生活方式，形成全社会愿意为环保产品支出成本的

增强环保意识，减少垃圾产生量

消费理念与消费行为。特别是通过消费行为，制约企业的生产行为，迫使企业增强环保意识，提高环保水平。同时，百姓环保意识的增强，可以为海洋垃圾的处理提供有效的基础条件，从而减少垃圾产生量。

 ## 对船舶污染说"不"

在海洋中有丰富的海洋资源，同时，海洋还为大量货物的运输提供了方便。通过海上运输，各国人民可以加强交流。随着经济和科学技术的不断发展以及人口的不断增加，海上货运量不断增长，而船舶的吨位和尺度也在逐年增加。我们在看到其积极一面的同时也要正视其中的不足，那就是随之出现的海洋污染问题。船舶在营运过程中，自然会把一些物质或能量引入海洋环境中，生物资源就会受到损害，如果人类食用了它就会危害人类的身体健康。船舶造成的污染有以下四个特征：

第一，船舶污染物质的多样性。船舶所排放的污染物质有很多，如油类、毒性有害物质、船舶垃圾、船上生活废水、噪声……其中油类物质是最主要的排放物，它或许是船舶在不经意间排放的。

船舶污染具有流动性

第二，船舶污染具有流动性、无国界性。由于海水不断流动、船舶不断移动，所以由船舶进入海洋的污染物不可能待在一个地方不动。它会流到任何可能的地方，总之这十分不利于污染物的治理。

第三，船舶污染是一种特殊的海上侵权行为，属于环境侵权行为。当然，很多污染物质进入海洋全都是因为人类的不小心，如果上升到法律层面来讲，污染行为在主观上表现为人的故意或过失。在这种侵权行为关系中，与船舶污染有关的人为侵权人，包括船舶所有人、经营人、承租人和对环境污染事件负有直接责任的人员，而沿海国家、当地政府、居民、渔民和企业是污染受害人。如果对其进行处理，其结果必然是非常严重的。

第四，船舶污染危害性强，范围广。当海洋水质受到船舶污染，海洋生物的栖息环境必然会受到破坏，在这个过程中，海洋的调节功能就会下降，海洋生态环境、海洋生物资源、海洋渔业生产等都会受到威胁，如果严重的话会影响全球生态平衡，最终使人类的生存受到威胁。

你知道吗

如何处理船舶上的生活污水

对于船舶生活污水来说，主要的处理方法有在船上直接安装生活污水处理装置、生活污水收集装置，第一种是达标处理后，直接排入江河，第二种是收集到岸上处理。当然，船舶生活污水的处理工艺多为活性污泥法。因为水力停留时间（HRT）长，装置容积大，符合船检标准。

我国对于船舶污染的治理，应采取以下措施：

第一，加强我国船舶污染防治立法，建立和完善我国的海洋环境法体系，坚持船舶污染防治立法和我国整个环境法律体系的统一性，正确处理船舶污染防治立法与相关海洋环境法的共性和特性关系，坚持在全面系统审查现有船舶污染防治立法的基础上进行必要的修改和补充，坚持重点立法与一般立法相结合，完善海上船舶污染防治立法的同时制定全国性的内陆水域船舶

具有较强的处理废弃物能力的船舶

污染防治法规。另外，在加强国内船舶污染防治立法的同时，还要学习和借鉴外国船舶污染防治立法的经验和方法，采用各国通行的船舶污染防治和海洋环境保护制度与措施，并根据实际情况与国际接轨，将国际公约具体化、国内化。另外，国际条约是现代国际法的重要表现形式，在国际关系中，根据国际条约，各个国家都承担了国际义务，所以就应该对自己的行为负责。当之前的法律法规不合时宜需要做出相应的修改，只有这样才能取得更好的效果，最终推动经济的不断发展，同时保护环境，服务人类。

第二，进一步提高海洋环境保护意识，尽量减少或避免人为因素造成的污染。如果船舶污染是属于操作性失误，应该对船员进行教育，使他们认识到污染所带来的严重后果，提高他们的环保意识，进而减少或杜绝污染。另外，还要加大处罚力度，对于那些因违章操作带来严重污染的船舶，应当对其采取处罚措施。严格贯彻落实有关防止船舶污染的法律法规，并根据有关国际公约的要求，提高管理标准，改善船舶防污设备的配置，使船舶具有较强的处理废弃物的能力。同时还应该加大舆论宣传力度，不断增强全民环境保护意识，发挥群众的监督作用，相信只要意识上重视了环保的重要性，其治理不是问题。

让污染物消失于无形

虽然人们想了很多办法，采取了很多措施来防止污染物从它们的大本营——生产过程中"溜"出来，但是，也许今后相当长一段时间内，我们也无法把污染物完全消灭在摇篮里。尤其是千万个家庭排出的生活污水，千万艘船只排出的含油污水，以及千万家小工厂、小企业排出的工业废水，只好在它们"出生"后再设法进行"处置"，使其在进入环境和海洋之前作一番"修炼"，减轻它们的"罪过"。

处置的办法很多，但必须对症下药，才能取得好的效果。

对于含油污水来说，利用油和水比重的不同，把油从污水中分离出来，是最基本的处置方法。在处理炼油厂和石油化工厂排出的含油

油水分离器

污水时，这种"比重差分离法"得到了广泛的应用。中国某炼油厂，每天从生产中排出 5000 吨含油废水，其中污油含量高达每升 100 毫升，也就是说，如果不加以处理，每年就有约 200 吨油排到环境中。现在该厂用此法使油水分离，处理后的污水中油含量降到了每升只有 9.0 毫克，减少了 90% 以上。利用这一原理制成的密封式油水分离器广泛装备在油轮上用以处理压舱水、洗舱水和舱底污水。

但是，如果污水中含油比较少或者污油在水中已经乳化，就不能用上面那种方法了。这时，应该在污水中加入某些化学药剂，如硫酸矾一类的凝聚剂，用它们吸附污水中的油和其他的杂质一起沉淀下来，从而使水变得"清洁"。这种方法称为"凝聚沉淀法"。当然，还可以往含油废水中注入高压空气，到一定程度后突然降压，使废水中产生大量气泡，让它们在上浮过程中把污水中的油一起带到水面，然后再除去。这种"加压浮上法"最适用于处理船舶的含油洗舱水。

除此之外，还有两种高级的含油污水处理方法：一种叫"过滤法"，另一种是"微生物处理法"。它们可以使含油污水得到高度净化，能除去引起鱼、贝类发出油臭味的成

分。但处理成本较高，一般很少采用。

处理含重金属污染物废水的方法可以分为物理和化学两大类：

物理处理法有多种。对有大颗粒重金属污染物存在的废水可以用"沉淀池法"或"过滤法"。如果废水中重金属污染物的颗粒微小，则一般用"沉淀池法"；对废水中胶体状的有害重金属可以用"凝聚沉淀池法"处理。此外，还可以用蒸发浓缩和废液燃烧等热处理方法回收废水中的金属成分。

化学处理法最常用的是氧化还原法。例如，用电解氧化法处理电镀废水，用还原剂法处理含铬废水，用硫化氢还原法处理含铜和含锌废水等。

pH调节法也是一种普遍使用的化学处理法，最适用于处理造纸厂的碱性污水或酸性污水。

此外，化学法还有"凝聚法""吸附法"和"离子交换法"等。用这些方法可以除去在废水中呈胶体状态存在的重金属成分。

含油废水和含重金属污染物的废水一般都产生于工业部门，污染源面不广，废水量也不是很大，成分比较单一，通常由工厂企业单独处理。而有机污水大部分来自城市千家万户，也有一部分由有关工业排出，污染源点多面广，废水量庞大，

凝聚剂

污水成分也很复杂，因此都采用区域性集中处理的办法。

处理这种污水最早有两种方法，一种是直接将它们排入江、河、湖、海，靠大量的天然水来稀释净化；另一种用来灌溉农田。早在16世纪中叶，德国就推行污水灌溉。到1976年已有60多个城市的生活污水用在农田灌溉上。我国用污水灌溉的地区也不少，如沈（阳）抚（顺）灌区等。

但是有机污水中一般都含有较高浓度的氮、磷、钾等营养成分，也含有少量有毒物质，如汞、铅、镉等重金属。不经过处理直接排入自然水体不仅会造成水体富营养化，引起赤潮暴发，而且会导致有毒金属的污染。而直接用来灌溉农田也会引起作物倒伏，污水中的可溶性盐类和重金属对土壤、作物和人畜也会造成危害。因此大部分国家的城市都建设专门的污水处理厂（站），对有机污水进行集中处理。

利用发酵法处理有机污水

有机污水的处理一般采用生物处理法。也就是利用微生物的分解作用将污水中的有机物质分解，使污水净化。"生物处理法"可分为"好气性处理"和"厌气性处理"两类。

所谓"好气性处理"，是向污水中充气，使好气性微生物大量繁殖，达到分解有机质的目的。这里，氧气数量和温度高低是很重要的。好气性处理有"活性污泥法""喷水滤床法"和"碎石曝气法"等几种。但是这类方法只适合有机物含量较少的污水，而且处理得不彻底。它对污水中的营养物质基本无能为力。

另一类有机污水的处理方法是"厌气性处理"。这是一种在不向污水中充气的条件下，靠嫌气性微生物分解有机物的方法。它又有"消化法"和"发酵法"两种。这种方法可以处理有机质和营养物含量很高的污水，而且处理得比较彻底。

经过上述处理后的生活污水，如果用来养鱼，可以大大提高鱼的产量。但是城市生活污水中往往含有大量病菌，而在微生物处理中又很难把病菌全部消灭掉，因此有可能传染给鱼类，进一步危及人体健康！

携起手来治理海防

1. 瑞典治理海防

1999年，瑞典政府宣布设立"波罗的海水奖"，以奖励为保护和改善波罗的海水质做出贡献的个人与集体。

根据瑞典外交部介绍，"波罗的海水奖"奖金额为1万欧元，由瑞典有关方面专家评选，在每年8月中旬举行的斯德哥尔摩水节上颁发，波罗的海沿岸国家的任何个人、组织或政府机构都享有获奖的权利。

在1999年8月11日，瑞典政府宣布把第一届瑞典"波罗的海水奖"授予波兰的普拉奇水公司，奖励该公司为改善波罗的海水质所做出的努力。

由瑞典有关方面人士组成的评审机构认为，普拉奇公司作出的努

力不仅改善了波罗的海水质，而且提高了波兰全国环保意识。

普拉奇公司所做出的努力主要包括两个方面：一是在波兰一些主要河流上建立清污厂，清除流入波罗的海的化学物质，如磷、氮；二是清除波兰波罗的海沿岸城市入海口处的污染物。

2. 日本治理海防

2004 年 6 月，在"海和沙滩环境美化机构"的指导下，日本各地也开始兴起了海洋环境美化运动，大家都以实际行动来保护海洋。主要体现在：

第一，清除海洋沿岸垃圾，这是最引人瞩目的一项活动。

海洋沿岸垃圾分人工垃圾和自然垃圾。人工垃圾主要有纸、布类、玻璃、陶器、塑料、金属饮料罐、油污……这些垃圾是观光旅游、洗海水浴者和垂钓者乱扔或者是海上

海洋沿岸的垃圾

生产活动所造成的。自然垃圾包括漂浮物，如木头、草类……它们是在自然条件的推动下，从陆地流入海洋的。

关于垃圾问题，"海和沙滩环境美化机构"向公众提出了"不增加垃圾三原则"——不产生垃圾、不扔垃圾和带走垃圾。与此同时，它还大力推动全国各地保护海洋团体对海岸垃圾进行大规模清理。当然，清理海洋垃圾这项任务是持久性的。另外，政府官员和民间团体也组织全国性清理活动。总之，其效果是有目共睹的。

第二，对全国的海底藻场和海河交界的浅滩进行调查。除了可以生产海带、裙带菜，藻场还是鱼贝类产卵和孵育的场所，同时还可以对海水起到净化作用；海河交界的浅滩是盛产蛤仔、文蛤、幼鱼和幼虾的场所，在这里一般会有多种生物。藻场和海河交界的浅滩的面积、在每个县分布的情况、每年的减少情况，潮位差的大小，海洋生物的分布，渔业资源增加和减少情况，水的透明度，过去的填海工程造成的影响等都属于调查的主要内容。另外，在调查过程中还要记录详细的数据，因为它不仅可以为政府制定保护海洋的政策提供科学依据，而且还能提高群众保护海洋的意

大力宣传保护森林

识，更重要的是它是之后研究的重要凭证。

第三，大力宣传保护森林。森林有固定土壤的作用。一般来说，种植森林的土壤含有腐叶成分，一旦下雨被流入海中，就会为鱼贝类和浮游生物的食饵和海草类生长提供充足的养分，促进海洋资源的发展。如果没有森林，雨水会变成洪水，把夹带的泥沙倾泻到海里，最终影响鱼类的繁衍生息。所以，在日常生活中，我们保护森林就是保护海洋资源。在这一方面做得最好的国家是日本。

3. 加拿大治理海防

加拿大三面环海，东临大西洋，西濒太平洋，北达北冰洋，有着世界上最长的海岸线、世界第二的大陆架。加拿大国内外贸易主要依靠海上运输，大部分人口聚居在沿海地区。为了推进国家的海洋开发，合理利用海洋、充分保护海洋环境、保证海洋的可持续开发已成为加拿大重要的国家战略决策。当然，在海洋发展战略中，加拿大政府确定了三个原则和四个紧急目标。

三个原则为可持续开发、综合管理和预防的措施。

四个紧急目标为：

第一，把现行的各种各样的海洋管理方法，改为相互配合的综合的管理方法。

第二，促进海洋管理和研究机构的相互协作，加强各机构的责任

性和运营能力。

第三，保护海洋环境，最大限度地利用海洋经济潜能，确保海洋的可持续开发。

第四，力争使加拿大在海洋管理和海洋环境保护方面处于世界领先地位。

政府为了实现国家的海洋战略目标制定了一些具体措施，具体体现在以下几个方面：

（1）加深对海洋的研究

在加拿大政府看来，要想加强海洋的管理，必须进一步观测、研究、调查和分析海洋。所以，加拿大政府对此加大了资金投入。另外，还包括其他一些措施，如广泛收集海洋资料，提高海洋基础资料的精度，提高航行用海图的制作能力，研究全球规模的气候变动，界定海洋资源和海洋空间的定义，保护资源开发和海底矿物资源，加强海洋科学和技术专家队伍建设……

（2）加强对海洋环境的保护

随着社会经济的不断发展以及人口的不断增加，加拿大的海洋环境受到了很严重的污染，所以，为了减少和防治污染，加拿大制定了海洋水质标准和海洋环境污染界限标准，对石油等有害物质流入海洋采取预防措施和制定预防体制，只有这样，才能减少污染对人体健康的危害。

除此之外，为了保护海洋环境，加拿大还设立了"沿海护卫队"。

制定海洋水质标准，预防污染

沿海护卫队的存在可以对化学物品和石油的泄漏事故迅速做出反应，而且在很短时间内对大面积污染物进行清除。这对保护海洋环境，减少污染所带来的危害是极为有用的。

（3）保护海洋生物的多样性

在保护海洋生物的多样性方面，加拿大政府和非政府组织加快了各方面的研究，如海洋生物种群的丧失和劣化、海洋气候变动的影响、深水生态系统的变化……同时还采取了限制捕捞捕杀濒危海洋鱼类和动物。为了使保护效果更好，加拿大政府加大了资金投入来设立各种保护场所和设施，将想法落到实处。

 你知道吗

餐桌上的营养师

鳕鱼属冷水性底层鱼类，为北方沿海出产的海洋经济鱼类之一。世界上不少国家把鳕鱼作为主要食用鱼类。在北欧，鳕鱼被称为"餐桌上的营养师"，葡萄牙人就更直接把它称为"液体黄金"，可见它的营养价值之高。除鲜食外，还加工成各种水产食品，此外鳕鱼肝大而且含油量高，富含维生素A和D，是提取鱼肝油的原料。但是由于鳕鱼的经济价值很高，遭到人类的大量捕杀。现在，很多国家都在加强对鳕鱼的保护力度。

（4）制定综合管理计划

为了使海洋资源得到更好的开发和利用，加拿大政府要求利用、管理生物资源和非生物资源原则必须保持一致。所以，在加拿大政府看来，对海洋进行综合治理是最明智的举措。

（5）确保海运和海事安全

相关资料显示，加拿大海域每年航行的船舶要超过10万艘，而运输的货物超过360万吨。或许这个数字时刻在发生变化，但它也说明了一个问题，那就是海域是非常繁忙的，同时在这个过程中，经济才能不断发展。因此，确保海运和海事安全是非常重要的。

（6）振兴海洋产业

加拿大政府除了采取措施来提高海洋产业的经济效益、扩大海洋技术产业方面之外，它还加大对商业化的研究，掌握海洋产业动向，改善政府对海洋产业的管理体制，加强政府与民间企业的协作，制定新的发展战略，希望在最短的时间内取得最好的经济效益。

（7）增进国际合作

为了明确加拿大在国际上的海

增加公众的环保意识，保护海洋

洋战略地位，发挥其在很多方面的作用，如海洋科学、水理学、监测、管理与技术……加强国际合作是必要的措施。

（8）增强公共教育

要想使海洋环境保护措施更得力，增加公众的环保意识是非常必要的，这样可以提高个人和组织对海洋战略的贡献能力，为保护海洋环境助一臂之力。

请别向海洋母亲过度索取

原始的资源种群本身有维持平衡的调节能力。在被开发利用以后，只要捕捞适度，原来的种群仍可保持一定的数量水平。如果捕捞量超过种群本身的自然增长能力，将导致资源量下降，表现在总渔获量和单位捕捞力量渔获量随捕捞力量的增加而减少，同时捕捞对象的自然补充量也不断下降，引起资源衰退乃至枯竭，产生过度捕捞现象。

所谓过度捕捞是指对资源种群的捕捞死亡率超过其自然生长率，从而降低种群产生最大持续产量长期能力的行为或现象。根据性质的不同，过度捕捞可以分为生物学过度捕捞和经济学过度捕捞。后者增加了对捕捞成本的考虑，前者通常又可分为三种类型，即生长型过度捕捞、补充型过度捕捞和生态系统过度捕捞。以鱼类为例加以说明。

生长型过度捕捞是指鱼类尚未长到合理大小就被捕捞，从而限

渔业捕捞与生态系统有直接的关系

制了鱼群产生单位补充最大产量（MYR）的能力，最终导致总产量下降的现象。降低捕捞死亡率（降低捕捞力量）和提高初捕年龄（增大渔具的网目尺寸）是解决生长型过度捕捞的关键。

补充型过度捕捞是指由于对亲体（产卵群体）的捕捞压力过大，导致资源种群的繁殖能力下降，从而造成补充量不足的现象。合理增加产卵群体的生物量（如根据鱼类的繁殖规律合理设置禁渔期和禁渔区）是使已捕捞过度的资源种群恢复到可持续水平的重要方法之一。

以上两类过度捕捞是指开发利用的资源种群因盲目加大捕捞力量和缩小网目孔径而导致的过度捕捞，主要表现在渔业对象产量和单位捕捞力量渔获量的下降，并且与生态系统过度捕捞有直接关系。

生态系统过度捕捞是指过度捕捞使生态系统的平衡被改变，大型捕食者的数量减小，小型饵料鱼的数量增加，导致生态系统中的物种向小型化发展，平均营养级降低的现象。

个体大、经济价值高、位于食物网上层的肉食性鱼类是渔业优先

捕捞的对象，当它们因被过度捕捞而资源衰退或衰竭时，捕捞对象逐渐转向个体相对较小、营养级较低的物种。但当这些物种也被大量捕捞而资源不足时，渔业对象又会转向价值更低、个体更小、营养级更低的物种。于是出现了沿食物网向下捕捞的现象，加上兼捕和渔具、渔法对生境的物理损害等因素，使之对生态系统的结构和功能产生重大而深远的负面影响。

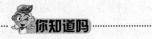 **你知道吗**

保护新疆大头鱼

新疆大头鱼又称"大头鱼"、"虎鱼""扁吻鱼""南疆大头鱼"等，属于鲤形目、鲤科、裂腹鱼亚科、扁吻鱼属。它是中国的特产鱼类，也是世界裂腹鱼中的珍贵物种，有着极高的经济价值和学术价值。它起源于3亿年前，有着古鱼类活化石之称，仅一属一种，目前，在世界上的分布，仅存于塔里木水系，已在原最大产地博斯腾湖绝迹，它在中国濒危野生动物红皮书鱼类部分中，属一级保护动物，与陆上大熊猫同属一个级别。

过度捕捞导致渔业对象逐渐转向营养级次较低的、个体较小的种

类（原先它们是被传统渔业对象作为食物的）是过度捕捞的另一重要表现。黑海在20世纪60年代商业性捕捞的26种鱼类中，很多种是大型捕食者，由于过度捕捞（还有污染及筑坝），目前可供商业性捕捞的种类只有5种较小型的鱼类（其产量也比以前增加了）。南极的商业性捕鲸使鲸的数量急剧下降，结果以南极磷虾为食物的动物数量上升了。我国东海、黄海在20世纪50~60年代是以底层鱼类（带鱼、小黄鱼）为主，70年代初以中上层鱼类（太平洋鲱鱼）为主，随后有蓝点马鲛和鲐鱼，至80~90年代则转变为以小型中上层鱼类（如黄鲫、鳗鱼）为主。由于这些小型中上层种类处于较低的营养级次，生物量明显高于以底层鱼类为主的群落，导致近海渔获物的平均营养级降低了，生态系统过度捕捞的迹象已十分明显。

另外，渔业资源因过度捕捞而匮乏，捕捞难度加大。有些渔民为了能捕到鱼类，在某些局部水域（如东南亚的一些珊瑚礁区）采取了违法的"炸鱼"或"毒鱼"等野蛮作业方式捕鱼，其后果是大大小小的各种鱼类不可避免地受到伤害或死亡，更严重的是这些鱼类和其他海洋生物赖以生存、繁殖的环境也被破坏了。因此，过度捕捞对海洋生

态平衡的打击是致命性的。

认识海洋自净能力

城市生活污水通过适当方式向深海排放，在海洋的自净能力范围内，并不会对海洋水质和生态功能造成显著影响，还可节约大量治污资金。因此，污水深海排放在一定程度上是可行的。在澳大利亚的悉尼市等沿海城市，大约有 80% 的生活污水在进行浅度处理后进行深海排放。一些海滨城市采用岸边排放生活污水的方式是相当不合理的，因为近岸海域对污染物的降解速度远不如深海快，还会直接污染到海滩和近海的海洋自然保护区、海滨风景名胜区等重要保护对象，对保护近海海洋环境十分不利。

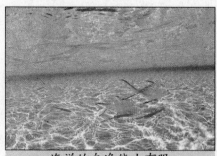

海洋的自净能力有限

海洋生物修复技术是利用生物特别是微生物将存在于海洋中的有毒、有害的污染物现场降解成二氧化碳和水或转化成为无害物质的工程技术系统。利用生物将海洋中的危险性污染物现场去除或降解的工程技术统称为海洋生物修复。海洋生物修复技术是以生物催化降解为重点的海洋环境生物技术。

海洋生物修复方法包括利用活有机体或其制作产品降解污染物，减少毒性或转化为无毒产品，富集和固定有毒物质（包括重金属等），大尺度的生物修复还包括生态系统中的生态调控等。应用领域包括规模化和工厂化水产养殖、石油污染、城市排污以及海洋其他废物处理等。作为海洋生物环境保护及其产业可持续发展的重要生物工程手段，美国和加拿大联合制定了海洋生态环境生物修复计划，对产业的近期发展和海洋的长期保护均有重要意义。目前，微生物对环境反应的动力学机制、降解过程的生化机理、生物传感器、海洋微生物之间以及与其他生物之间的共生关系和互利机制，抗附着物质的分离纯化等是生物修复技术的重要研究内容。

当然，为了防止海洋环境污染，深海排放必须经过充分的工程设计和技术论证。《中华人民共和国海洋环境保护法》第三十条规定：在有条件的地区，应当将排污口深海设置，实行离岸排放。设置陆源

污染物深海离岸排放排污口，应当根据海洋功能区划、海水动力条件和海底工程设施的有关情况确定，具体办法由国务院规定。我国《防治海洋工程建设污染管理条例》第二十三条规定：污水离岸排放工程排污口的设置应当符合海洋功能区划和海洋环境保护规划，不得损害相邻海域的功能。污水离岸排放不得超过国家或者地方规定的排放标准。在实行污染物排海总量控制的海域，不得超过污染物排海总量控制指标。

目前，世界上的海洋污染状况，就海域来看，最严重的是波罗的海、地中海、日本的濑户内海、东京湾、墨西哥湾等。在这些海域里，海洋生物大量减少，鱼、贝类濒于绝迹。我国近海海域近年来的污染状况也在日益严重，其中又以渤海的污染最为严重。海洋污染极难治理，这主要是因为：

第一，污染源广。人类活动产

波罗的海风光

生的废物，不管是扩散到大气中，丢弃在陆地上还是排放到河流里，由于风吹、雨淋、江河径流等作用，最后都可能进入海洋，因此，有人称海洋为一切污染物的"垃圾桶"。

第二，持续性强。海洋年复一年地接受来自大气和陆地的污染物质，成为它们的最终归宿。一些不易分解的物质长期在海洋中蓄积，并且随着时间的推移，越积越多。如DDT（滴滴涕）进入海洋经10~50年后，才能分解50%。

第三，扩散范围大。废水排入海洋后，在潮流（海水的涨潮与落潮）和其他涡流的作用下与海水逐渐混合起来，并随着洋流的运动由低纬度流向高纬度、由深层流向赤道的，最终扩散到很远的海域去。例如，从南极企鹅身体中检验出了DDT的存在，足见其在海洋中扩散的范围之大。

第四，控制复杂。海洋污染的上述三个特点决定了海洋污染控制的复杂性。要防止和消除海洋污染，需要进行长期的监测和综合研究，加强对污染源的管理，以防为主，以管促治。

陆地废水排入海洋是通过河口、海湾或近海实现的，排放方式、排放位置、当地的气候、水文地理情况、废水和海水水质、流量、流速等都

会影响到污染物的自净过程。下面就分别对不同排放方式下的自净规律进行简单的介绍。

1. 河口排污的自净

河口是河流与海洋的汇合处。河流通常为淡水，含盐量低，但有时含有较高浓度的泥沙；而海水含盐量高，并在潮汐作用下，近岸海水的湍动较为强烈。因此，在河口处两种水体相遇后往往会产生复杂的水流分层，使入海河段得到相当可观的横向混合，流速、流向、水深、盐度等因素经常发生变化。同时，河口的地质、水文、气象条件（风向、风速、气温等）的差异悬殊，底栖生物、浮游生物及底质的状况也各异，这些都使河口排污的自净规律变得错综复杂，很难建立起理论模

型。对此，通常是根据河口的具体情况，收集资料和进行现场测试，取得潮周期、涨潮流速、落潮流速、潮水范围、盐度、水温、扩散系数等的相关参数值，然后建立特定的水质自净模式进行预测。

2. 近海排污的自净

通常废水向海洋或近海的排放是经过浸没在海底的排放管的上升扩散洞射入海洋。废水自排放管进入海洋后，使污染物浓度降低的净化作用有三个：

第一，起始稀释。它是指在废水排出时的动量和浮力作用下所造成的与周围海水的混合稀释。通常排入大海的废水温度较高，因此其密度一般比海水轻，废水进入大海后，就受到浮力的作用而向海洋表面运动。

由于废水与周围海水的盐度、密度（由于温度差异）不同，二者最初混合稀释所形成的废水场（废水的分布状况）有两种情形：

河口是河流与海洋的汇合处

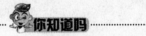

你知道吗

海湾水体的自净

污染物排入海湾后，主要在扩散作用下与海水混合得到稀释。此后，接纳了污染物的湾内海水与外海海水的交换稀释主要

是通过海水的潮汐作用引起的往复流来实现。涨潮时，外海海水涌入海湾，与湾内海水发生强烈的混合稀释作用，水中污染物浓度下降，到最高潮位时海湾内的污染物达到最低浓度；退潮时，湾内海水开始向外海迁移、扩散，一部分污染物就随湾内海水流入外海。就这样随着潮涨潮落，湾内污染水体不断被外海海水置换稀释，污染物就被不断搬运出海湾，从而使海湾水体得到了净化。

（1）若海水自身在深度上是不分层的（温度和密度），那么，在浮力作用下废水会一边扩散稀释一边上升，一直上升到海洋表面，在海水表面处达到最大程度的稀释，这时的废水场就称为表面场。

（2）若海水自身是分层的（尤其在夏天），废水进入水体后，受浮力作用开始上升，当浮动上升到某高度，其密度与该处海水密度相等并大于其上方海水的密度后，就不再有浮动上升，这时废水的最大稀释是在该深度处达到，所形成的废水场称为浸场。

第二，扩散稀释。在起始稀释之后，形成了一股均匀的废水与海水的混合水。此后，这一废水场由于海流作用而移动，其外沿与海水不断产生紊流混合和推流混合，并形成羽状废水场，这种稀释称为扩散稀释，可用提出的羽状废水场模型来描述。

第三，有机物降解及微生物衰减死亡。废水中有机物在海水中的降解，包括化学作用、絮凝沉降作用以及微生物作用下的生化降解作用。而排放废水中微生物的衰减自净，包括死亡及絮凝沉降作用。

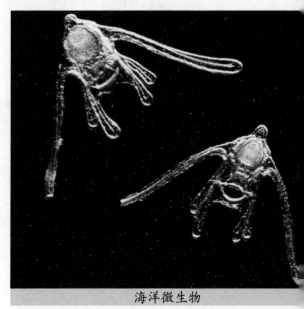

海洋微生物

 未雨绸缪
海洋环境监测

海洋环境监测可定义为"在设计好的时间和空间内，使用统一的、可比的采样和检测手段，获取海洋

环境质量要素和陆源性入海物质资料，以阐明其时空分布、变化规律及其与海洋开发利用和保护关系之全过程。

从宏观上，海洋环境监测分为两大类：第一类是趋势性监测和污染源监测；第二类是控制性监测，通常称为现状监测、应急海洋环境监测或特例监测。

趋势性监测主要是掌握大尺度、长周期海洋环境变化动态。控制性监测主要是对某一区域或时段的环境状况进行监督监测。海洋环境的趋势性监测和控制性监测都是一种政府行为，二者相互配合，相互补充，缺一不可。

从微观上，海洋环境监测可分为排污总量控制监测、浴场监测、海洋功能区监测、赤潮应急监测、污染事故应急监测、纠纷仲裁监测、考核验证监测等。海洋环境监测的主要手段有卫星和航空遥感系统（如船舶、浮标、潜器、海床基、台站等）、自动监测系统、采样和分析系统。

海洋生态监测系指为了实现保护人类海洋生态环境的目的，按照预先设计的时间和空间采用可以比较的技术和方法，对海洋生物种群、

政府应该加强海洋环境的监督监测

群落要素及其非生物环境要素进行连续观测和评价的过程。狭义的海洋生态监测的基本项目是海洋生态学意义上的监测,其反映的结果也是海洋生态系统的状况与演变规律。但是,一般情况下,海洋生态监测也包括海洋生物监测,或者两者同时进行。其原因主要是海洋生物本身就是海洋生态系统的基本组分,有时很难在两者之间加以区分;为了反映海洋生态环境的整体状况,特别是污染状况,海洋生物监测将起到不可替代的作用,特别是对某些污染物指示的监测。

 **你知道吗**

海洋污染监测

海洋污染监测包括水质监测、底质监测、大气监测和生物监测等,都可分为沿岸近海监测和远洋监测。前者因海域污染较重且复杂多变,设立的监测站密,各站项目齐全且每月至少监测一次;后者主要测定那些扩散范围广和因海上倾废和因事故泄入海洋的污染物质,通常设站较稀,监测次数较少。此外,还有利用生物个体、种群或群落对污染物的反应以判断海洋环境污染情况的。

海洋生态监测是海洋生态环境管理的基础和重要组成部分,其基本目的是要掌握人为活动和自然因素对海洋生态系统的结构及功能的影响水平及其发展趋势,协调社会经济发展和海洋生态环境保护的关系。海洋生态监测指标体系包括非生物生态指标和生物生态指标两大系列。

海洋贝类对周围生存环境中的污染物具有极强的富集能力。贻贝监测是通过测定贝类体内的化学污染物残留量,对其周围海洋环境的污染程度和变化趋势进行监测和评价的一种方法。

国际贻贝监测计划始于20世纪90年代,是在全球范围内开展的区域性海洋环境质量监测计划。通过该计划的实施,可以揭示海洋环境的污染现状和变化趋势,评估人类活动对近岸海洋环境质量造成的影响。监测的贝类品种主要有菲律宾

文蛤

蛤仔、文蛤、四角蛤蜊、紫贻贝、翡翠贻贝、毛蚶、缢蛏、僧帽牡蛎等。

2004年，我国启动了贻贝监测计划。2005年，我国贻贝监测计划稳步推进，监测范围覆盖了全国近岸海域。2006年至今，我国继续在近岸海域实施贻贝监测计划，旨在通过监测海洋贝类体内污染物的残留水平，评价我国近岸海域的污染程度和变化趋势。

溢油应急监测是指在溢油事件发生后，对海上溢油的监视和遥感监测，搜寻确定油类泄漏的位置和面积，跟踪监视溢油的漂移和扩散情况。

常用的溢油应急监测手段有航空遥感监测和卫星遥感监测。前者指利用机载遥感监测器对事故的发展动态进行跟踪监视，其具有灵活机动的优势，是事故检测中使用最多而且最有效的技术；后者指利用星载遥感监测器对溢油事故的监测，其特点是监测范围大、方便、费用低、图像资料易于处理和解译等，但其成像比例尺寸小，地面分辨率低。

随着世界海洋运输业的发展和海上油田不断投入生产，全世界每年泄漏入海的石油及石油产品已超过600万吨，其中油船溢油量超过200万吨。

海洋环境与灾害监测

2008年4月16日，"国家海洋局海洋赤潮灾害立体监测技术与应用重点实验室"成立。这是我国在海洋赤潮灾害监测等领域的首个部委级重点实验室，它着重研究赤潮的立体监测技术、预警预报以及应急管理系统技术。

海洋环境与灾害监测工作，对预报和减轻海洋灾害意义重大。海洋，是地球资源的宝库，也是维持地球良好环境的依托。灾害性海况的出现，直接影响人类的生活和工农业生产活动，并带来巨大的破坏损失。在过去20年中，受自然灾害影响的人口达8亿多人，财产损失近千亿美元，其中的60%是由海洋灾害造成的。我国内有渤海，外濒黄海、东海、南海以及西北太平洋，海域环境多变，各种海洋灾害发生频繁，尤其是风暴灾害的发生频率和危害程度位居世界前列。因此，预防和减轻海洋灾害，搞好海洋环境与灾害预测，保障海上生产活动和沿海设施以及人民生活安全必不可少。

为预报和减轻海洋灾害，各国都很重视建设海洋环境与灾害监测系统。除常规的船舶和沿岸观测之

外,已开始应用卫星、浮标、飞机、雷达、电子计算机等现代化技术手段,建立了大范围的海况监测系统。

从20世纪70年代开始,有关的世界组织和海洋国家就开始采取措施,加强海洋监测能力。世界气象组织（WMO）提出了一项全球范围的调查船观测计划（VOS）,政府间委员会建立了一个由50个国家参加的"全球联合海洋服务系统（IGOSS）"。为了监测全球尺度的海洋灾害,如厄尔尼诺、海平面上升等,政府间组织还建立了一个由60个国家参加,拥有300个海平面观测站的永久性全球海面观测网（GLOSS）。上述诸项工作对做好海洋环境预报,尤其是海洋灾害的预警报工作,保证海上及沿海生产活动的安全至关重要。在海洋环境与灾害的监测工作方面,美国、日本两个国家起步较早,积累了丰富经验。

我国在这方面的工作起步较晚,进入20世纪80年代后进步较快。1988年,我国发射了第一颗气象卫星"风云1号"（FY—1A）,带有2个海洋观测通道。1990年又发射了第二颗"风云1号"（FY—1B）气象卫星,也包括了海洋观测项目。同时完成了"海洋卫星"的论证工作。开始在海岸带与海岛资源调查、海

浮标

港选址、海洋环境监测以及海洋环境监测、海洋学研究等方面进行卫星资料的应用研究。同时还建立了以接收风云卫星为主、兼收国外环境卫星的卫星地面接收和应用系统，在气象减灾防灾、国民经济和国防建设中发挥了显著作用。

我国的海洋灾害预报业务有海浪、风暴潮、海冰等，主要由国家海洋预报中心以及下属各预报区台负责进行。1966 年 10 月 1 日，预报中心正式发布我国海区天气预报。经过近几十年的发展，我国的海洋环境预报体系初具规模，已建立了 1 个国家级中心、3 个区域中心、10 个省级预报台以及 8 个县市级预报台，形成了监测（观测）、数据传输、分析预报、产品分发等环节组成的业务化系统。目前，由国家海洋环境预报中心发布的海洋环境和海洋灾害预报警报主要包括海浪预报、风暴潮预警报、海啸预警报、海冰预报、海温预报、厄尔尼诺、

风暴潮

赤潮预测、海水浴场海洋环境预报、极地与大洋科考航线海洋环境预报、海流预报、溢油预报、滨海旅游度假区环境预报等。

我国是一个多风暴、潮灾国家，每年都给国民经济带来巨大损失。据统计，仅福建省 2008 年因台风、暴雨等灾害经济损失就超过 35 亿元。

任重而道远，这是我国海洋环境与灾害监测工作所面临的义不容辞的重任。近年来，在广大海洋环境与灾害监测工作者的努力下，在我国海洋局的领导下，我国不断加强了环境与灾害的预报与警报工作，建立起由海洋站、中心海洋站、预报区台、国家海洋预报台组成的监测预报网络和国家海洋预报到沿海地方的预报警报行政传输网络。在强风暴潮、海冰、巨浪、赤潮、海上溢油等大的海洋灾害即将发生时，除了通过电视台、广播电台、报纸等新闻媒体及时发布预报外，还将预报及警报通过行政指挥线路发送至各沿海省、直辖市、自治区和计划单列市，为各级政府及早部署防灾抗灾提供准确信息和决策依据。

海洋环境与灾害监测工作意义重大，它不仅关系国家的经济前途和政治稳定，也关系到每一个民众的家庭财产和个人生命安全。这项

工作是每个公民都应关心支持的，并对此有不可推卸的义务。同时，我们更应该知道，从整体上看，与国外海洋环境与灾害监测先进的国家相比，我国的海洋环境与灾害监测工作还有一定差距，与我国目前的需求以及未来5~10年内海洋开发的要求相比，也有一定距离。我国的海洋监测手段比较落后，资料源不够充足，防灾指挥系统、服务手段和方式不够完善，海洋灾害预报模式有待进一步发展，防灾对策也比较缺乏。

随着我国经济的发展，我们的海洋意识也必然进一步增强，大家都来关注支持海洋环境与灾害监测事业，这必将使之有一个大的提高，从而更好地为人民服务，满足人民的需求。

海洋生态补偿

人类要想做到可持续发展必须保护海洋生态资源。然而，在开发利用海洋资源的过程中，因为人类环保意识不强，政府宏观调控能力不强，所以导致了海洋资源受到严重破坏，不仅数量和种类不断减少，甚至有些生物种类出现灭绝的痕迹，总之生态系统被严重破坏。要想使海洋生态资源能得到永续利用和持续发展，采用经济手段对海洋生态资源进行管理是非常必要的。由于海洋生态资源是公共物品，所以不可能零售，但如果因为海洋资源和环境遭到破坏而威胁了一部分人的利益，政府应该对这些受害者和环境治理中的贡献者给予补偿。

海洋生态资源

海洋生态补偿是指海域使用者或受益者在合法利用海洋资源过程中，对海洋资源的所有权人或者为海洋生态环境保护付出代价者支付相应费用，支持与鼓励保护海洋生态环境的行为是其主要目的。

要想进行海洋生态补偿，首先要确定某一海洋开发或保护活动的利益相关者，也就是受该活动及其结果影响的人、集团或者组织。当然其确定过程是需要有一定依据的，

主要包括确定海洋生态资源的经济价值、为保护海洋生态资源做出贡献的应视为主要的补偿对象、充分考虑与海洋生态资源开发与保护相关的间接利益相关者、进行保护海洋生态资源价值的生态补偿时不要忽视海洋生态系统服务价值。经济补偿或资金补偿是海洋生态补偿的重要一环，补偿强度是由海洋资源价值和当地经济发展水平决定的。

除经济补偿以外，海洋生态补偿还应包括对海洋生态环境的补偿和海洋资源的补偿。当然，在这些方面，我国已经有了大量实践经验，但是如果情况发生了变化，其补偿机制也要做出相应调整。

第二节 付诸行动义不容辞

 不在海水中随意小便

很多人都有在海滨浴场游泳玩耍的经历,碧蓝的海水,美丽的浪花,使人流连忘返。尤其是居住在海边的朋友们,炎热的夏季里,美美地在海水里游上一回泳,不仅驱走了炎热,全身心都得到了放松和愉悦。海滨浴场水质的好坏直接关系到游泳者的心情和健康。我国海滨浴场普遍承载量过大,到了旺季常常会看到浴场里人头攒动(俗称煮饺子),所以我们每一个人在享受海洋带给我们快乐的同时,必须注意保护浴场的环境卫生,不要因为嫌麻烦就在海水里随意小便。虽然浩瀚的海洋本身有自净的能力,但这毕竟需要一定的时间。这里且不说尿液对海水的污染,就是对游泳者也是一种直接的污染。有报道称,某些游客流量大的浴场,近几年相关的环境保护部门几乎每年都要从中清理大量的尿液。

 **不要将垃圾
留在海滩上**

当喧嚣了一天的海滩在夕阳的余晖中恢复了平静时,我们时常会发现沙滩已不再是金色的一片。由于一些游客的不文明行为,给美丽的海滩带来了不和谐的音符。随意丢弃的纯净水瓶、塑料袋、西瓜皮、啤酒瓶、废报纸、烟头等垃圾随处可见,然而竖立在不远处的垃圾桶内却空空如也。其实这些丢弃在海滩上的垃圾不但会引起视觉不快,还给海洋环境造成了威胁。美国"海洋保护管理所"在一项报告中警告

美丽的海洋沙滩

收垃圾——果皮、菜皮、各种废纸、废塑料、废金属、废玻璃、废橡胶、废织物等，有害垃圾——废电池、废荧光灯管、水银温度计、废油漆、过期药品、打印机墨盒等，把它们分别归类，做好垃圾处理的第一步。

 ## 不向海洋排放热废水

说，海滩垃圾正在破坏海洋环境，仅为期一日的一次垃圾清理活动就在长约 2.9 万千米的海岸线和水道中清理出约 3700 吨垃圾。其中香烟、塑料袋成了海洋环境的头号"杀手"。当这些垃圾随着潮起潮落卷入大海，将会威胁濒危海洋动物的生存。所以，当我们踩在软绵绵的沙滩上时，除了留下我们的脚印，请什么也别留下。

我们可能还没意识到自家的生活垃圾会给海洋环境造成巨大的压力。目前，中国绝大部分城市生活垃圾仍以简单坑埋、填充洼地、地面堆积、挖坑填埋、投入江河湖海、露天焚烧等处理方式为主，而那些被投入江河的垃圾最终要汇入大海。因此，在我们日常倒垃圾时，费一下神，请将它们区别对待：不可回

除了火力发电厂、核电站、钢铁厂的循环冷却系统排出的热水以及石油、化工、铸造、造纸等工业排出的主要废水外，人们日常生活中的废热水中也含有大量废热。废热对海洋环境的影响首先表现为局部海域中耗氧量的增加，导致溶解氧的减少，影响海洋生物的新陈代谢，严重时可引起生物群落的变化；其次，海水温度升高会引起海洋生物群落，特别是浮游植物发生变化，使适应于正常水温下生活的海洋动物发生死亡或迁徙，还会诱使某些鱼类在错误的时间进行产卵或季节性迁移，或可能引起生物的加速生长和过早成熟。食物链中低级部分（如浮游植物）一旦发生改变，其结果是直接导致该海域生态系统的破坏。因此，在日常生活中，我们应该尽量不向海洋排放热废水，或者先将其搁置，待冷却后再处理。

海洋浮游植物

不要随意在 海滩和海底采沙

海岛是海洋生态系统的重要组成部分，其生物、旅游、港口等各种资源丰富，是我国国民经济走向海洋的"桥头堡"，也是海外经济通向内陆的"岛桥"。我国海岛众多，面积大于500平方米的岛屿有6500多个，其中约94%为无居民海岛，面积在500平方米以下的岛屿和岩礁约有上万个。其开发价值十分可观。随着海岛经济的迅速发展，在开发和利用海岛的活动中出现了一些不容忽视的问题：不同行业和企业的用岛纠纷逐渐增多；海岛的开发和利用随意性大，许多人擅自挖石、采沙、从事养殖活动；一些单位和个人的海岛国有意识更是淡薄，圈占海岛的现象屡见不鲜。这些都将给海岛的开发利用带来隐患。因此，我们每一个人都应该加入到保护海岛的行动中，了解有关法律法规，杜绝擅自破坏海岛的行为。

海沙，看似取之不尽，用之不竭，其实，大规模地开采也会带来一系列的环境灾害。如果浅海附近

的厚层沙滩被挖掉，处于动力平衡状态下的水下岸坡就会运动、塌陷，最终引起海岸的侵蚀，导致海滩逐渐消失，礁石再现；另外由于非法采沙的范围不确定，很容易导致对岸堤等重大海岸工程的破坏。在海岸侵蚀强烈的地方，如海南海口市的海甸岛及新埠岛、广东汕头等地，不仅受到风暴潮和巨浪的威胁，而且土地流失严重。许多海滩旅游区的临海设施遭到破坏、海滩泳场遭到破坏、部分港口及其他海岸工程设施受到损坏。另外，海沙开采作业也会对海域造成严重的污染，海底翻耕，造成底层海水混浊，并释放大量的硫化物等污染物，消耗了海水中的溶解氧，破坏了海洋生态

环境，危害到海洋生物的繁殖生长。

请保护海岸线岛礁资源

我国沿海岛礁资源丰富，海洋生物种类繁多，风景优美，如果进行合理的开发和利用，就能为我们带来可观的经济效益和生态效益。但事实上，一些人只顾眼前利益，对岛礁的鱼、贝、藻毫无节制地"痛下杀手"。有些人在利益的驱动下，不顾生命危险登礁攀岩掏鸟蛋、采牡蛎和藤壶出售给餐饮店。还有些人破坏和开采岛、礁、滩、沙、石等具有稀缺性和不可再生性的资源。这既破坏了岛礁的渔业资源，危及

海洋岛礁

岛上珍稀动物特别是鸟类的生存，还严重损害了海岛的生态平衡和自然风光！

目前，有些沿海城市的政府部门已经开始采取措施保护岛礁：通过电视、座谈会等形式，开展宣传教育活动，增强广大人民群众保护岛礁资源的自觉性。但是，这些措施需要我们每个人的积极配合。如果我们还想在若干年后享受到经济价值巨大的海洋渔业资源，并在游艇上惬意地观光欣赏岛礁区内生态类型各异的海岛、海礁，就要从此刻开始行动！只有从内心意识到岛礁与我们共生共息的关系，才能真正地去善待岛礁资源。

积极参加清理海滩的义务劳动

每年的世界地球日（4月22日）和世界环境日（6月5日），我国沿海城市都要组织一些清理垃圾的活动。在活动中，海洋环保社团和海洋环保志愿者积极向民众宣传清扫海滩的重要性和必要性，并积极开展清理海滩的义务劳动。这种活动对于提高广大公众"保护海岸，清洁海滩"的环境保护意识，对促进人人参与保护海滩的环保行动起到了良好的带动作用。但对于个人来说，也应该积极参加到这种环保活动中去。如果都行动起来，我们清理的将不仅仅是海滩，而是人们

藻类会因油污染，光合作用受阻而致死

的心灵，同时，还会将"同一片海，同一个家"的环保意识根植于我们的心中。

国家对不允许向海域排放的废水种类做出了明文规定和等级限制。例如，禁止向海域排放油类、酸液、碱液、剧毒废液和高、中水平放射性废水，严格限制向海域排放低水平放射性废水，严格控制向海域排放含有不易降解的有机物和重金属的废水。这些废水排放到海洋，都会给海洋带来或大或小的影响，有些甚至是非常严重的。例如，油类排入水体后形成的油膜，会阻碍海水蒸发，影响水气交换，减少空气中氧进入水体的数量，从而降低了水体的自净能力；藻类因油污染，光合作用受阻而致死；油污沾在鱼鳃上引起鱼窒息死亡；石油中所含的多环芳烃，可通过食物链进入人体，对人体有致癌作用；酸液或碱液进入水体，能使水的pH值发生变化，pH值过高或过低均能杀死鱼类和其他生物，抑制微生物生长，影响海水的自净能力。

对于国家的规定，我们除了自己要及时了解和严格遵守外，还可以留心身边的企业是否有违规排放行为，如遇违规排放，可以向当地的环保部门举报。

拒绝食用鲸鱼或金枪鱼

鲸鱼或金枪鱼等海洋野生生物，是很多人餐桌上的美食，然而，肆无忌惮地捕杀给它们带来了灭顶之灾。以鲸鱼为例，这种世界上体形最大的哺乳动物，20世纪60年代曾一度因为过量捕杀而几近灭绝。80年代，在南太平洋大约存在76万头鲸鱼，随着捕杀的加剧，鲸的数量锐减。蓝鲸是捕鲸人最喜欢的捕猎对象，但在不到100年无节制的捕猎后，99％的蓝鲸已遭捕杀；北大西洋露脊鲸是世界上最稀有的鲸种，种群数量已少于300头，预计在200年内即将灭绝。

你知道吗

金枪鱼才是真正的游泳冠军

金枪鱼的习性十分有趣，它是游动速度最快的海洋动物之一，只有极为凶残的鲨鱼和大海豚方能与它匹敌。金枪鱼全速游动时，速度每小时可达55海里。另外，金枪鱼还是唯一能够长距离快速游泳的大型鱼类，实验显示，金枪鱼每天的游程可以达到230千米。为了补充不停游动及旺盛的新陈代谢所消耗的能量，金枪鱼必须不断地进食。一磅重

的金枪鱼一餐就要吃掉相当于其体重18%的食物，相当于一个体重150磅的男人一餐吃掉带骨的两只大公鸡。

日本和挪威是世界上最钟情鲸鱼美食的两个国家。日本仅在一年中，就猎杀了500多头小须鲸、440头抹香鲸。挪威则在2005年一年捕杀小须鲸655头。这是多么残忍的数据。要知道，人类的这种行为满足的只是一时的口腹之快，带来的却可能是一类物种的灭绝现象。

海洋宣传有你有我

海洋是公用的，它是人类共同的财产。1993年2月，在联合国教科文组织政府间海洋学委员会第十七届大会上，葡萄牙政府代表团提出建立"国际海洋年"的建议。根据该建议，大会通过了一项关于号召各国共同举办"国际海洋年"的决议，并向联合国大会提请建议。当然，联合国对海洋、海洋环境、海洋资源和海洋持续发展的重要性也有清醒的认识，所以，1994年12月，在联合国第四十九届大会上通过了这项由102个成员国发起的决议，宣布1998年为"国际海洋年"。

在这项决议中，联合国要求世界各国必须尽其所能地通过各种形式来庆祝和宣传活动，不仅要向政府和公众宣传海洋，提高人们的海洋意识，而且还要强调海洋对所有的生命是如此重要。在开发海洋资源的同时要保护海洋环境，只有这样才能保证人类与自然和谐共处，人类才会在更好的环境中生存和发展，总之是有百利而无一害的。

1997年7月，联合国教科文组织通过了"国际海洋年"的主题，即"海洋——人类的共同遗产"，并将7月18日定为"世界海洋日"。"98国际海洋年"以及"世界海洋日"都体现了世界各国对海洋保护的行动和决心。

其实，在世界上的很多国家中都有一些与海洋有关的节日。如从1941年起，日本规定7月20日为"海洋纪念日"。另外，日本还将每年的7月27日定为蓝海节。在蓝海节上，日本的专家学者们共同研讨开发和利用海洋资源，表彰做出突出贡献的海洋工作者。而英国把8月24日定为英国海洋节，届时会对各个国家提出邀请。美国的海运节是每年的5月22日，这个节日是用来纪念蒸汽轮"萨凡纳"首次横渡大西洋的，如今一直沿用下来。另外，美国还把每年10月的第二个星期一定于"哥伦

布日"，是为了纪念哥伦布在美洲新世界登陆。同时，安哥拉的渔民岛节、菲律宾的捕鱼节、巴西的海神节、希腊的航海周等世界各国举办的海洋节日活动，都是保护海洋的节日，我国应借鉴其中的一些经验。

在我国沿海的很多地方，每年也举行隆重的海洋节日。如每年7月，中国青岛举行青岛海洋节，浙江省象山县每年也举办开渔节，中国海洋文化节也已在浙江岱山县成功举办了好几届……而现在，鉴于海洋环境问题越来越严重，设立一个全国性的海洋节是非常有必要的，这不仅能够增加民众的环保意识，还能督促其付诸行动，最终取得好的效果。

早在1998年国际海洋年期间，我国政府就积极参加国际社会为迎接1998国际海洋年而举办的各类活动，如发布《中国海洋政策白皮书》；开展了系列宣传工程……国家海洋局与多部门联合主办了"98国际海洋年"大型宣传活动，取得了非常明显的效果。在2008年，"98国际海洋年"设立十周年，为落实中央领导指示和《海洋保护纲要》精神，国家海洋局决定：从2008年开始启动"全国海洋宣传日"活动，并将时间定为每年的7月18日，目的在于通过连续性、大规模、多角度的

宣传，以全民参与的社会活动为载体，以媒体宣传报道为介质，构建海洋意识宣传平台，主动传播海洋知识，深入挖掘海洋文化，引导舆论关注海洋问题热点，促进全社会认识海洋、关注海洋、善待海洋和可持续开发利用海洋，显著提高全民族海洋意识。

你知道吗

"全国海洋宣传日"口号：

1. 扬帆绿色奥运，拥抱蓝色海洋

2. 海洋宣传日：一天的提醒，一生的行动

3. 拥抱蓝色海洋，珍爱生命摇篮

4. 生命从海洋开始，善待海洋从你我开始

5. 民无海洋不富，国无海洋不强

6. 坚持科学发展，构建和谐海洋

7. 拥抱海洋，感恩海洋，善待海洋

8. 手拉手保护海洋环境，心连心传承海洋文明

9. 实施海洋强国战略，共图民族复兴大业

10. 海洋——中国腾飞的加速器

全球应有统一大行动

海洋是一个互相联系的整体，某一海域环境破坏往往危及周边国家海洋环境的质量。海洋的贯通决定了保护海洋、实现海洋的可持续发展必须是国际性的行动。如果国不分大小，人不分老幼、肤色，一同携起手来，形成统一的力量，必将使全球海洋环境保护结出丰硕的果实。

伊恩·凯南曾经是澳大利亚一位优秀的帆船手。1993年，当他发现自己逐波踏浪纵横遨游的运动场变得那样肮脏不堪，一种强烈的责任感促使他倡议发起了"清洁海洋"的运动。这项活动得到了澳大利亚几家国际公司的经费援助，而后又取得了澳大利亚政府与环境部的大力支持，与联合国环境规划署的合作更使其活动规模和社会影响空前扩大。在短短几年的时间里，"清洁海洋"活动从澳大利亚的悉尼港开始，发展到整个澳大利亚，至今已成为全球性的大行动。伊恩·凯南的实践充分显示出个人对社会进步的力量。

全世界已有104个国家每年3500万的志愿者参与到这场声势浩大的活动中。1995年在联合国成立50周年之际，这场活动积极促进了保护环境的全球协作。这一年里，沙特阿拉伯、罗马尼亚、秘鲁、莱索托、多米尼加、塞浦路斯、克罗地亚、文莱和巴巴多斯等国家又成为"清洁海洋"运动的新成员。

在堪培拉议会大厦举行的新闻发布会上，现任"清洁海洋"运动委员会主席的凯南介绍了作为一场全球性运动，不同国家"清洁海洋"的不同活动形式和计划：希腊起初从一个沿海小城镇开始，逐渐向全国发展起来；在波兰这是一场全国性的运动，1994年有200万波兰人参加了清洁世界的活动；南美洲的智利，通过全国生态行动组织发起军队、童子军和当地居民共同清洁沿海地带的垃圾；中东地区的人们高举绿色和平的旗帜，共同关注多国边境海域亚喀巴湾的海水污染问题，解决这一海域的污染成为周边各国共同的任务；马来西亚通过开展妇女与儿童的环境论坛来探讨如何在生活中保护环境，并且建立了沿海"生态住宅"的典范，供人们参观、学习；在中国已经计划并发起了一场"清洁海岸"和"绿色海岸之旅"的志愿者活动，着有标志的青年志愿者们有组织地来到海滨，用双手捡起沙滩上的片片垃圾，同时向市民们进行环境保护知识的

宣传。

凯南说，我们并不认为"清洁海洋"活动能解决所有的问题，它仅仅是一个开始。但实践证明，社区行动可以成功地让每个人参与到保护环境的行列。"清洁海洋"活动在世界各地风起云涌足以表明各国人民对环境的关心。他说"将开展'清洁悉尼港''清洁澳大利亚'的活动经验与世界共同分享是一件让人欣慰的事情。每到一个国家，我就更加感到我们应当全力以赴，怀着与社区、政府和企业合作的理念去解决面临的环境问题。如果'清洁海洋'活动能这样去做，那么我们就有希望。"

第三章
蓝色海洋的予与求

21世纪是海洋世纪，海洋里蕴藏着丰富的自然资源，它是人类和地球所有生命的摇篮。以无比壮观的景色和丰富的资源让人类亲近，然而，它在气候变化和环境污染面前却又是那么脆弱不堪。在海洋环境日益恶劣的今天，关注海洋，善待海洋，可持续开发利用海洋已成为全人类刻不容缓的责任。

第一节　生命的摇篮：海洋

海洋的诞生

海洋的浩瀚与神秘令人向往，它孕育了地球上最原始的生命。今天，地球上约有70%的面积被水覆盖；地球上95%左右的水存在于海洋中；地球上97%左右的生物也生存于海洋里。

在地球形成的最初阶段，星际碰撞不间断并且有规律地发生着，同时大量的尘埃被释放到大气中，遮住了所有的阳光，使地球陷入无边的黑暗之中。

大约44亿年前，由于行星撞击次数的减少使岩浆的活动减弱，地球的表面开始冷却。渐渐地，冷凝的岩浆变成了一层薄而黑的地壳覆盖在地球上。虽然行星撞击和火山喷发会频繁地把地壳撕开，将炽热

的岩浆喷向天空，但是，随着撞击次数的不断减少、冷却的不断进行，地球表面形成了越来越厚的地壳，从而形成地球。

岩浆形成的薄而黑的地壳

地球形成之后，随着地壳逐渐冷却，大气的温度也慢慢地降低，水汽变成水滴。但由于冷却不均，经常电闪雷鸣，雨水积聚起来，这就成为原始的海洋。我们都知道海水是咸的，这是因为海水里含有溶解的矿物质，主要是钠和氯，这两种物质结合就形成了氯化钠，也就

是我们平时说的盐。海水中水与盐的比例大约是 100 : 3.5。不过，原始的海洋可不是咸的。原始海洋是酸性并且缺氧的。因为那时候大气中没有氧气，也没有臭氧层，紫外线可以直达地面。直到 6 亿年前的古生代，海洋中有了海藻类，它们在阳光下进行光合作用，产生了氧气，而后才慢慢形成了臭氧层。此时，生物才开始登上陆地。原始海洋逐渐演变成了今天的海洋。

漂浮的海洋冰川

海洋冰山是一种巨大冰块，它高于海面，漂浮在深海中或搁浅在浅海及岸滩上。关于冰山的高度，因冰山而异，冰山的高度可达几十米甚至上百米，长度通常在几百米到几十千米，最长的可达数百千米。冰山是极地陆架冰或大陆冰川上的来客，当它们滑裂到海洋中后，藏尾露头地把大部分身躯隐伏在水面以下，在海风的吹拂下，人们就会感觉到它在动。

在南、北极的海面上，有很多冰山。无论是形状还是大小，它们都不相同。因为有的像课桌或办公桌，所以被称为桌状冰山；而有的像金字塔，被称为尖顶冰山；有

的就是长方形的庞然大物，称为冰岛……通过不断考察，人类发现了迄今为止最大的一座冰山，其面积与我国台湾岛差不多。在北冰洋常年都有冰山存在。而在南半球有更多的冰山，而它们的体积也更大。有很多冰山游荡在南极大陆周围。南大洋的冰山主要源于罗斯海、威德尔海和南极大陆沿岸的陆缘冰架。从外形上来看，这里的冰山非常平坦，最多的是桌面冰山，不仅冰色洁白，而且体积巨大。另外，冰山的寿命也是非常长的。由于南、北极终年冰天雪地，所以有充足的制造冰山的原料。在南、北极陆地上，有许多冰层很厚的大冰川。当然，这些冰川也不是一成不变的，它也会移动，游向海里。海里总是能经

巨大的冰山

常补充新的冰山，所以，在南、北极海面上，冰山是不会消亡的。

虽然海洋冰山看起来非常安静、美丽，但它严重阻碍着海上航运。从20世纪60年代以来，科学家开始利用卫星遥感技术对全球海洋和冰山的形成、漂移、解体及融化状况进行监视，这为海洋冰山的观测和预报找到了新的方法。

五颜六色的海洋

大家都知道，海洋是蓝色的。另外，我们也知道太阳光是由7种颜色组成的，即红、橙、黄、绿、蓝、靛、紫。然而，当这些颜色混合在一起的时候，白色就出现了。所以，在日常生活中我们所见到的太阳都是白色的。如果您对此不信，可以尝试做一个实验。取一张稍厚的纸，把它裁成一个圆盘，将圆盘分成7个部分，然后分别涂上上述7种颜色。转动圆盘，此时，呈现在我们眼前的只有白色。

为什么会这样呢？其基本原理是：因为这7种颜色的波长不同，所以它们被海水吸收、反射和散射的程度也不同。那些红光、橙光和黄光有着很长的光波，而穿透能力又很强，然而却容易被水分子吸收，射入海水后，随海水深度的增加就

蓝色的海洋

逐渐被吸收了。据相关资料统计，一般情况下，在水深超过100米的海洋里，这3种波长的光，大部分都被海水吸收。然而蓝光、紫光和部分绿光的光波较短，穿透能力弱，当遇到海水分子或其他微粒的阻隔的时候会发生不同程度的散射或反射，此时，紫光是无法引起人们的注意的。所以，在人们看来，海水就是蓝色的。

你知道吗

海水里有多少盐

海水所含的盐分布很不均匀，平均约为3.5%。这些溶解在海水中的无机盐，最常见的是氯化钠，即日用的食盐。有些盐来自海底的火山，但大部分来自地壳的岩石。岩石受风化而崩解，释出盐类，再由河水带到海里去。在海水汽化后再凝结成水的循环过程中，海水蒸发后，盐留下来，逐渐积聚到现有的浓度。

白茫茫的海冰

然而，海水的颜色会随天气变化而变化，当天气晴朗的时候是蓝色，如果阴天或者是天不是特别明朗的时候，我们眼中的海水就是灰暗的。

另外，海水的颜色也会受海水中泥沙的含量的影响。如果海水中含有大量的泥沙，海水就是黄色。为什么渤海附近海面呈现黄色？这是由于黄河携带大量泥沙注入渤海导致的。

如果海水结冰了，我们看到的是白茫茫的一片。

另外，海洋的颜色也会受海洋里的生物的影响。学过地理的人都知道，在亚洲和非洲大陆之间有一个"红海"，在它的海面繁殖生长着一种叫"蓝绿海藻"的植物。当它死后就会变成红褐色。此时，如果它们浮在海面上，海水就会变成红色。同样，在波罗的海生长着一种水草，它是蓝绿色的，如果从外界看来，它如同绿色的草原。然而由于这里繁殖生活着很多甲壳类动物，所以海水呈现出玫瑰色。

富饶美丽的海岸

人们往往认为，海洋与陆地交界的地方，叫作"海岸线"，实际上，这条线是具有一定宽度的"带"。海岸带不但自然资源丰富，而且也是人类活动最频繁的地带，是目前世界经济、文化最发达区域，全球有 2/3 的人口居住在这里，有海陆空立体运输系统和转运系统功能。

海岸是波浪和潮汐有显著作用的沿岸地带，是海洋和陆地相互作用、相互接触的地带。它的宽度可从几十米到几十千米，一般根据潮汐作用的影响，将其分为潮上带、潮间带和潮下带三个部分。潮上带是一般风浪和潮汐都不可能作用到的近海地带；潮间带是波浪、潮汐活动最积极、作用最强烈的地带；潮下带是低潮线以下到波浪、潮汐没有显著影响的近岸地带。

侵蚀海岸

根据海岸的形成动力、气候等原因可分为：侵蚀海岸、堆积海岸、冰碛－冰蚀海岸、构造海岸、生物海岸等几种海岸。

世界海岸线长约 44 万千米，中国海岸线长达 1.8 万余千米，岛屿岸线 1.4 万余千米。海岸带蕴藏着丰富的生物、矿产、能源、土地等自然资源。还有众多深邃的港湾，以及贯穿内陆的大小河流。它不仅是国防的前哨，又是海、陆交通的连接地，是人类经济活动频繁的地带。这里遍布着工业城市和海港。海岸具有奇特的、引人入胜的地貌特征，可辟为旅游基地。

你知道吗

澳大利亚黄金海岸

澳大利亚黄金海岸位于澳大利亚东部海岸中段、布里斯班以南，它由一段长约 42 千米、10 多个连续排列的优质沙滩组成，以沙滩为金色而得名。这里气候宜人，日照充足，特别是海浪险急，适合于进行冲浪和滑水活动，是冲浪者的乐园，也是昆士兰州重点旅游度假区。这里旅游设施齐全，有各种各样的游乐场、赌场、酒吧、夜总会、海洋世界和主题公园。

在海岸及其邻近地带居住着世界人口的2/3，由此给海岸、河口的生态系统和生态环境带来不同程度的影响。海啸、飓风和台风侵袭海岸和海滩，往往对沿海的工业、农业造成危害。

"海光"是一种海水发光的现象

神奇的海光与海火

据有关资料记载，在1909年8月11日，驶往锡兰（今斯里兰卡）科伦坡港的"安姆布利亚"号轮船正在夜航，突然发现在海面的东南方向有亮光，当时船员非常兴奋，认为马上就到海港了。没想到，那并不是海港的亮光，而是神奇的海光。

在太平洋战争期间，同样也有一件神奇的事情发生：一队正在驶往日本群岛作战的美国舰队，突然发现远处海面上闪动着明亮的火光。他们以为遇到了日本舰队，所以立即进入了戒备状态。谁知，过了没多久，海面中的亮光消失了，非常平静。原来是虚惊一场。

其实这种对人欺骗的"海光"是一种海水发光的现象。当然，这种现象的发生也是有条件的，它不可能出现在所有的海域中。那么，为什么会发生海光呢？为什么只在某些海域显出海光现象？为什么海光会呈现各种姿态呢？

通过科学家的不断研究，原来人们看到的亮光的始作俑者是一些会发光的海洋生物。海水中有的浮游生物有发光的本领，如夜光虫、多甲藻、裸沟鞭虫、红潮鞭虫和一些水母、鱼类……在晚上的时候，它们都能发出微弱的亮光。为什么它们会有发光功能呢？因为在这些生物体内有特殊的发光细胞或器官，包含有荧光酶和荧光素，当海水搅动的时候，就会发生氧化作用，与此同时还会有细小的亮光发出。在黑夜中，虽然每个生物发出的亮光非常微弱，但是它们汇集起来，就形成了一道海光。所以，只有有发光生物存在于海洋中，海光才会形成，但是这也需要海水的搅动。科学家经过研究发现，海光与海底火山爆发引起的地震波有着密切的关系。强大的地震波不仅引起海水激烈振荡，同时使海洋生物发出亮光。

因此，在振荡强弱不同的海域，都会发现海光，而且形态各异。

在世界最为著名的海光奇异的海域是拉丁美洲古巴岛附近的"夜明海"。在这片海中生长着很多海洋生物，当这些生物死后磷质集聚，在夜晚的时候就能发出强烈的光。因此，如果此时有轮船路过，船舷甲板上就会非常明亮。

古巴岛的海岸

会发光的光头鱼

美国有一种会发光的鱼叫光头鱼。它头部背面扁平，全部为一对很大的发光器所盖，好似"探照灯"。光头鱼没有眼睛，发光器就能起视觉的作用。光头鱼有一套奇特的捕食本领，人们称它为"奇异的渔夫"。它们常常把自己隐蔽起来，张着巨口等待时机，伸出鳍上的长丝慢慢摆动，

丝末端的发光器好像游动的小虾一般。好奇贪吃的小鱼以为是一顿美餐，纷纷追逐而来，刚要去吃时才发觉上当受骗，想脱身为时已晚，反而成了光头鱼的一顿美餐。另外，美国的一位生物学家曾在一个夜晚将一个最灵敏的光度计放在海底270米处，发现光头鱼发光的亮度比白天时还要明亮得多。

除了在海洋上有"海光"之外，在海洋中还有"海火"。

当轮船在漆黑的夜晚航行的时候，如果风平浪静，突然在遥远的海面上出现了神秘的火光就会让人感觉非常害怕，通常人们将其称为"鬼火"。

关于这一点，很多见过的人都感觉很害怕。俗话说"水火不相容"，为什么海面上还会有火？人们对此一直困惑不解。

相关资料记载，在1975年9月2日傍晚，在我国江苏省近海朗家沙一带，人们再次看见了海火。当时海面上波浪滚滚，在不远处有如火焰一般的东西在发光，但到第二天早晨就消失了。而到晚上，神秘的光亮再次出现，而且比第一天更强。这种情况持续了一周，到了第七天，人们对海面上出现的情形困

惑不已：海面上涌出许多泡沫，渔船游过的地方也会有很大的光亮。伴着光亮，水中还有珍珠般的颗粒在闪闪发光。在这种情形过去没多久，地震就发生了。

1976年7月28日，也就是唐山大地震的前夜，人们在秦皇岛、北戴河一带的海面上，也发现了这种发光现象。尤其在秦皇岛附近的海面上，这种现象更明显。

在1933年3月3日凌晨，日本三陆发生了海啸，与其他地方相比，那里的海火更奇特：当海啸卷起的波浪涌上岸的时候，人们在浪头底下发现了圆形发光物。在被波浪向前推进的时候，它们发出青紫色，非常亮。后来互相撞击的浪花，把这圆形的发光物搅碎，随后就消失了。

关于这些现象，很多人得出结论：海火出现，总是与地震或海啸等灾难的发生有着密切的关系，海火就是在给人们起着提示和警醒的作用。鉴于此，当人们再次看到海火的时候就充满了恐惧。

经过长时间的研究，专家终于揭开地震与海火的关系。原来，这种跟地震一起出现的海火与地面上的"地光"非常相似，都是一种发光现象。当强地震发生时，海底出

北戴河美景

现了广泛的岩石破裂现象，然后就会有光亮出现了人们的眼中。美国一些学者对圆柱形的花岗岩、玄武岩、煤、大理岩等多种岩石试验样品进行压缩破裂实验后发现，当压力足够大时，这些试验样品便会爆炸性碎裂，并在几毫秒内释放一股电子流，电子流激发周围气体分子发出微光。如果把样品放在水中，其碎裂时产生的电子流能使水发光。当强烈地震在海底发生时，海底里的这些岩石就会出现广泛性的岩石破裂，并在几毫秒内释放出一股电子流，冲出海面发出亮光，形成海火。在如此强大的电子流的作用下，光亮就出现了。因此，地震"海火"的出现与此密切相关。按照这个理论，如果"海火"出现的次数过多或者是过亮，这预示着将有地震或者是海啸发生，人们一定要提前做好预防。

然而，这种情况也不是绝对的。很多人也曾亲眼看到过海火，但并没有发生地震或海啸，这是为什么呢？有人认为，这种情况就跟地震无关，因为其主要是由电流机制所造成的。

通过不断研究，科学家发现海火作为一种自然现象，很可能有着复杂的成因机制，这绝不是生物发光和岩石爆裂发光就能导致的。关于具体情况，科学家还在进一步研究中。

第二节 人类的宝藏：海洋资源

丰富的海洋生物资源

海洋中有 20 多万种生物，其中动物 18 万种，植物 2.5 万种。海洋生物中有不少可以直接食用，有些还具有很高的药用价值。据目前所知，海洋生物的蕴藏量约 342 亿吨，其中海洋动物 325 亿吨，海洋植物 17 亿吨。据估算，海洋生物每年能生产 1350 亿吨有机碳，在不破坏生态平衡的前提下，每年可提供 30 亿

海洋植物

吨水产品，足够 300 亿人食用；海洋向人类提供食物的能力，等于全球所有耕地提供农产品的 1000 倍。

海洋植物是维持整个海洋生命的基础，是坚固的"金字塔基"。它们主要包括在水中随波逐流的浮游藻类和海底生长的大型藻类。前者如硅藻、绿藻等，它们个体微小而形状各异，如圆形、方形、三角形、针形等。藻类在海洋生物资源中占有特殊的重要地位，它能够自力更生的进行光合作用，产生大量的有机物质，为海洋动物提供充足的食物；同时，它在光合作用中还释放大量的氧气，总产量可达 360 亿吨（占地球大气含氧量的 70%），为海洋动物甚至陆上生物提供必不可少的氧气。现在已知有 70 多种藻类可供人类食用，它们不仅含有大量蛋白质、脂肪和碳水化合物，而且

可爱的海豹

有 20 余种维生素。除食用外，海藻还被用作饲料、肥料、药材，或提取化学物质，用于生产纸张、化妆品、纺织和金属加工等。

海洋动物是海洋生物中最重要、最活泼群体，其中有 1.5 万 ~4 万种鱼类，对虾等壳类 2 万多种，贝壳等软体动物 8 万多种，还有鲸、海参、海豹、海象、海鸟等，构成了生机盎然的海洋世界，也构成了经济效益很好的海洋水产业，其中鱼类是水产品的主体，也最重要。目前，全世界从海洋中捕捞的 6000 万吨水产品中，90% 是鱼类，其余为鲸类、甲壳类和软体动物等。鱼类可谓全身是宝，营养经济价值很高，含有大量的蛋白质，味道鲜美。鱼类是海洋生物资源的主体，全世界近 3 万种鱼类中，有 1.6 万种以上生活在海洋中。世界每年约 7×10^7 吨渔获量中，85% 以上来自海洋。鲸、海豚、海龟、海鸟、海狮、海豹、海象等海洋脊椎动物，数量也相当多，并且具有重要的经济价值。

在水产上，鱼、虾、蟹总是相提并论的，它们不仅是席上珍馐，而且可从它们的甲壳中提取许多有用的东西——甲壳质，在工业上用途很广。其中生长在南极的一种磷虾被誉为"21 世纪的流行食品"，因为它有着极为惊人的资源量和很高的营养价值，在南极是鲸类吞食的对象，小小磷虾喂巨鲸，这也是一种奇闻吧。

贝类种类繁多，遍布于各个海区，是味道鲜美、营养丰富的食品。有的贝壳中可以取药，有的也有观赏价值，是贝雕的优良材料。中国

特产的美术工艺品之一——大珠母贝座雕，其美丽精细，令人叹为观止。在贝类中，还有一点值得惊奇的是那就是珍珠，中国是珍珠发祥地，尤其是南海珍珠在世界上最负盛名，它主要是由生活在热带、亚热带海区的珠母贝和珍珠贝生成的，那一粒粒晶莹皎洁的珍珠，是海洋引以为豪的结晶。在海洋中，还有一个不可忽视的部分就是海洋微生物，在海洋微生物中可以提取一些特殊的生物活性物质，对治疗疾病有奇效。

海参

丰富的海洋药材

据有关医学专家预测，人类将在 21 世纪制伏癌症。陆地上的各种植物和各类物种，很早以来就被人类所研究。近年来，科学家们经研究后发现，海洋将成为 21 世纪人类的最大药库。

海参是一种含有高蛋白的名贵海味。然而，你可能没有想到，有几种海参会从肛门释放出一种毒素，而这毒素具有抑制肿瘤的作用。

牡蛎，这种小小的贝类，十分鲜美可口，不过它更大的价值却在它含有一种特别的抗生素。

目前，一些制药业的研究人员

正在进行从海藻和微小海洋生物提取有毒化合物的实验，以作为医治某些疾病的有效手段。初步实验表明，从某种海绵状生物中提取的有毒物质，有抑制癌细胞发展的作用。从灌肠鱼体内提取的某种物质，有助于治疗糖尿病。美国的海洋学专家形象地说："海洋生物犹如一个可提供有关健康问题解决办法的咨询中心。"

从海洋中采药的医学专家们十分重视对珊瑚的开发和利用。实验表明，从珊瑚礁的囊中提取的有毒物质刺丝胞，和某种海绵状生物中提取的毒物一样，都具有抑制癌细胞发展的作用，而从珊瑚礁中提取的其他物质可以减轻关节炎和气喘病的炎症。有一种产于夏威夷的珊

瑚，它含有剧毒，可用于提炼治疗白血病、高血压及某些癌症的特效药。中国南海有一种软珊瑚，这种珊瑚的提纯物，具有降血压、抗心律失常及解痉等功效。

鲨鱼是一种古老的海洋性鱼类，在全世界分布较广，共有250多种。20世纪80年代中期以来，国际上许多科学家对鲨鱼身体各部分的药理、化学、生物化学及应用等方面进行了悉心的研究，特别是对鲨鱼体内抗肿瘤活性物质的研究更加深入。据有关资料报道，美国生物学家对鲨鱼进行了几十年的调查研究后，发现鲨鱼的体内几乎不会有病变，极少患癌症。鲨鱼似乎对癌症有天然的免疫力。有些科学

家将一些病原菌和癌细胞接种于鲨鱼体内，也不能使它们致病。由此看来，在鲨鱼体内有某种特殊的能够抗癌或者抑制癌细胞生长的防护性化学物质。

中国的有关专家开始对鲨鱼进行研究。早在1985年，上海水产学院和上海肿瘤研究所的专家们首次发现，鲨鱼血清对人类红细胞性白血病肿瘤细胞具有杀伤作用。这一科研成果为人类从海洋生物资源中寻找新的抗肿瘤药物开辟了广阔的天地。

美国著名的海洋生物研究中心——佛罗里达州玛特海洋实验室曾对鲨鱼做了长时间的观察研究，并获得了重大的发现：鲨鱼极少患

鲨鱼

癌症。玛特海洋实验室的研究则认为：鲨鱼体内，尤其是肝脏内存在的高量脂肪和它自身产生的大量维生素 A1，可能是鲨鱼对抗癌症的有力"武器"。维生素 A1 及其衍生物，能够促进上皮组织的正常分化，并且具有使开始癌变的上皮细胞分化，恢复为正常细胞的作用。而人类的肝癌、肺癌、胃癌、食道癌、乳癌、肠癌等都属于上皮组织癌，所以鲨鱼体内的维生素 A1，或许对人类也具有抗癌效能。

对鲨鱼抗癌性的研究，开辟了人类探索癌症机理和奥秘的又一条新途径。此外，鲨鱼还是海洋生物"食物链"中重要的一环，而且特别容易受到过度捕捞的损坏，一旦他们

的数量减少，就会威胁到整个海洋生态系统的平衡。所以如何对鲨鱼资源进行必要的管理和保护，已成为即将召开的联合国粮农组织会议的议题之一。

庞大的淡水资源

科学家调查研究表明，我们人类生存的这颗星球的水资源总量约达 14.1 亿立方千米之巨，其中海水约占 97.2%，陆地水约占 2.8%。陆地水中的大部分是冰川和永久性积雪，再除去咸、盐水外，实际可利用的淡水仅占陆地的 0.64%。陆地水资源的数量很少，可供利用的淡

开发海水资源能解决淡水短缺问题

水资源则更少。难怪有识之士疾呼：人类面临的下一个生态危机将是淡水资源短缺！为了开辟新的水源，解决用水紧张问题，人们不约而同地把目光投向巨大深邃的海洋。沿海一些工业发达国家相继开始向海洋索取淡水资源。依靠现代科学技术手段，充分开发海水资源，是人类克服全球淡水资源短缺危机的必由之路和希望所在。

在地球的南极，有着千米厚内陆冰盖以及南、北极洋面上漂浮无数大小冰山，最大的能够达到数百平方千米，构成极为丰富的淡水库。

你知道吗

海豹

海豹是对鳍足亚目种海豹科动物的统称，这是一类身体呈纺锤体型、四肢特化成鳍状的哺乳动物，海豹的头圆颈短，没有外耳郭，因为它们的脸部很像猫从而得名海豹，以区别鳍足亚目其他两个科（海狮科、海象科）的动物。它们高度适应海洋中的生活，多数时间在海洋里活动，遍布整个海域，以南极沿岸数量最多。常见的海豹有：斑海豹、琴海豹、冠海豹等等。

丰富的盐资源

为什么海水又咸又苦呢？这是因为海水中含有大量的可溶性物质，其中大部分是盐类，如盐酸盐、硫酸盐和碳酸盐，而最主要的盐是氯化钠，也就是我们每天都少不了的食盐，约占 78%，此外还有各种镁盐和钙盐。这些盐溶于水中，使得海水中含有大量的钠离子和镁离子，由于钠离子是咸的，镁离子是苦的，所以海水就又咸又苦了。

我国是海水晒盐产量最多的国家，也是盐田面积最大的国家。我国有盐田 3760 立方千米，年产海盐 1500 万吨左右，约占全国原盐产量的 70%。我国著名的盐场，从北往

清澈海水

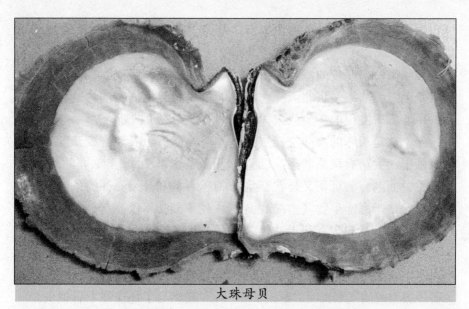

大珠母贝

南，有辽宁的复州湾盐场，河北、天津的长芦盐场，山东莱州湾盐场，江苏淮盐盐场以及浙江、福建、广东、广西、海南的南方盐场。每年生产供应全国一半人口的食用盐和80％的工业用盐，还有100万吨原盐出口。我国海盐业对国家的贡献是很大的。

巨大的海底油库

海底蕴藏着丰富的石油和天然气资源。据统计，世界近海海底已探明的石油可开采储量为220亿吨，天然气储量为17万亿立方米，分别占世界石油和天然气探明总可储量的24％和23％。

当然，在过去如果说"海底有石油"是不为人所相信的。直到19世纪末海底发现石油，科学家开始研究石油生成的理论这一情况才有所改变。在中、新生代，海底板块和大陆板块相挤压，形成许多沉积盆地，在这些盆地形成几千米厚的沉积物。这些沉积物是海洋中浮游生物的遗体，以及河流从陆地带来的有机质。这些沉积物被沉积的泥沙埋藏在海底，构造运动使盆地岩石变形，形成断块和背斜。随着构造运动而发生岩浆活动，大量热能产生，这加速了有机质转化为石油，并在圈闭中聚集和保存，最终成为现今的陆架油田。

我国沿海和各岛屿附近海域的海底有丰富的石油和天然气资源，

103

所以我国是世界海洋油气资源丰富的国家之一。

我国第一个开发的海底油田是渤海。渤海大陆架是华北沉降物堆积的中心，所发现的新生代沉积物非常厚。这是很厚的海陆交互层，周围陆上的大量有机质和泥沙沉积在这里，而渤海的沉积又是在新生代第三纪适于海洋生物繁殖的高温气候下进行的，非常有利于油气的生成。因为断陷与褶皱同时发生，所以产生一系列的背斜带和构造带，而各种类型的油气藏也随之形成了。

南海大陆架是一个很大的沉积盆地，非常厚的新生代地层具有良好的生油和储油岩系。经初步统计，

整个南海的石油地质储量大致为230亿~300亿吨，约占中国总资源量的1/3；天然气储量8000亿立方米，是世界海底石油的富集区，被称为"第二个波斯湾"。

当然海上石油资源开发利用的前景是非常好的。然而，与陆地相比，海上寻找和开采石油的条件有着很大的不同，不仅要有更好的技术手段，而且投资、风险也会更大，所以，目前世界海洋石油开发活动以国际合作的方式为主。

我国为了加快海上石油资源开发，制定了很多明文规定来维护我国主权和利益，如明确规定我国拥有石油资源的所有权和管辖权；合

海上石油平台

作区的海域和资源、产品属我国所有；合作区的海域和面积大小以及选择合作对象，都由我国决定……另外，加速海上石油资源开发的另一条重要方法是合理利用外资和技术。

深海的奇珍异宝

在海洋中除了有石油、天然气资源之外，还蕴藏着丰富的金属和非金属矿。到目前为止，在海底已经发现了多金属结核矿、磷矿、贵金属和稀有元素砂矿，硫化矿……如果把太平洋蕴藏的所有多金属结核矿开采出来，其镍可供全世界使用2万年，钴使用34万年，锰使用18万年，铜使用1000年……另外，海洋渔场的形成需要饵料生物。如今，在全世界有5大渔场：太平洋西北部渔场、大西洋东北部渔场、太平洋中西部渔场、太平洋东南部渔场、大西洋东南部渔场。从传统方面来说，北半球有开发较早的世界三大渔场，即欧洲西北渔场、美洲大西洋北部渔场和太平洋北部渔场。欧洲西北渔场指欧洲北海及其北部的北大西洋渔场，包括挪威、冰岛大陆架……主要鱼类有鳕类、鲱、沙丁鱼、鲆、鲽类……美洲大

西洋北部渔场包括纽芬兰到新英格兰一带的海域，主要生产鳕类、鲽、鲱、沙丁鱼、鲐……太平洋北部渔场是从中国沿岸经朝鲜、日本、堪察加周围海域，阿留申南北海域到加拿大、美国西岸海域，主要渔获物有带鱼、鲥鱼、大黄鱼、小黄鱼、竹荚鱼、鲐、鳕、狭鳕、银鳕、大马哈鱼、鳟、鲆、鲽……如今，这三大渔场的资源已被充分开发利用，很多资源现在特别少，所以为保护渔业资源，国际上采取计划渔业政策。各渔业国已逐步转向开发南半球的澳大利亚渔场、新西兰渔场、阿根廷外海渔场和南极渔场，以缓解之前三大渔场的压力。

丰富的海洋资源

你知道吗

秘鲁渔场

秘鲁沿岸海域是世界著名渔场，水产资源十分丰富，盛产鳀鱼等800多种鱼类及贝类等。秘

鲁沿岸有强大的秘鲁寒流经过，在常年盛行南风和东南风的吹拂下，发生表层海水偏离海岸、下层冷水上泛的现象。这不仅使水温显著下降，同时更重要的是带上大量的硝酸盐、磷酸盐等营养物质；加之沿海多云雾笼罩，日照不强烈，利于沿海浮游生物的大量繁殖。

渤海是中国的内海，黄海、东海和南海都属西太平洋的陆缘海。渤海和黄海都位于大陆架上，南海南部的西沙群岛和南沙群岛也多在大陆架区域。这里应当提到的是，

很多资源还是在不断生长的，它们不会因为人类的开采而消失，如海底锰结核矿石，包括锰、铁、钴、镍、钛、钒、锆、钼……据美国科学家梅鲁估计，太平洋底的锰结核，以每年1000万吨左右的速度不断生长，假如每年仅从太平洋底新生长出来的锰结核中提取金属，其中铜可供全世界用3年，钴可用4年，镍可以用1年。当然这个资料所提供的数据并不一定准确，但是最起码表明了锰结核资源是非常丰富的，为人类发展提供很多便利。

当然，从很深的大洋底部采取锰结核也是非常困难的，这需要先

锰结核

进技术的配合。如今，关于这一点，世界上只有几个国家能做到。从 20 世纪 70 年代中期开始，我国就开始进行大洋锰结核调查。根据资料显示，我们可以得知，1978 年，"向阳红 05 号"海洋调查船在太平洋 4000 米水深海底首次捞获锰结核。此后，从事大洋锰结核勘探的中国海洋调查船还有"向阳红 16 号""向阳红 09 号""海洋 04 号""大洋一号"……经过长时间的努力，我国在夏威夷西南的太平洋中部海区，探明一块富矿区。1991 年 3 月，联合国海底管理局正式批准中国大洋矿产资源研究开发协会的申请，中国获得了这块大洋锰结核矿产资源开发区，被很多国家所羡慕。

当然，在人类发展进行中离不开海洋，然而只要人们能合理地开发、利用，海洋资源必然会长时间地服务于人类，否则就会灭绝，影响人类文明的发展。

第三节　海洋的控诉：海洋环境

海洋环境漫谈

海洋环境是影响人类生活与发展的又一类自然因素的地理区域总体。尽管海洋环境是人们经常使用的概念，但其表达的形式或内容却有一定的差别。

按照《中国大百科辞典》的解释，海洋环境是"地球上连成一片的海和洋的水域总体，包括海水、溶解和悬浮其中的物质、海底沉积物以及生活于海洋中的生物"。

《海洋环境保护法知识》将其定义为："海洋环境是人类赖以生存和发展的自然环境的一个重要组成部分，包括海洋水体、海底和海水表层上方的大气空间，以及同海洋密切相关，并受到海洋影响的沿岸区域和河口区域"。

海洋水体

国外海洋论著对海洋环境多缺乏系统的概括和定义，一般认为海洋环境是海底地形、地球物理、海底结构和海洋化学、生物、热结构，以及海洋状况和天气等的总体海洋现象，亦即"狭义环境""物理环境"。例如，美国于 1966 年 6 月 17 日第 89 届国会参议院第 944 次会议通过的《海洋公约》中的定义（第 8 条）："专门名词'海洋环境'认为应包括大洋、美国大陆架、五大湖、邻近美国海岸深度至 200 米或超过此深度但其上覆水域容许开发海洋自然资源的深水区域的海床和底土，邻接包括美国领海内岛屿的同样的海底区域的海床和底土，有关这些方面的资源。"

风景优美的海洋

对比国内外海洋环境的定义，在概括的方法、内容上是大同小异的，都罗列了海洋自然地理环境要素，其差别只是所列举的要素多少而已。作为概念的原则，它们都未能对海洋环境的本质进行归纳、体现。因为从根本上讲，概念的核心不是叙述事物的现象，而应该从现象揭示其本质特征，并力求简洁、准确而抽象。以此衡量，上述海洋环境的概念，都是不尽如人意的。

那么，应该如何定义海洋环境呢？似应作如下归纳：海洋环境是指以人类生存与发展为中心，相对其存在并产生直接或间接影响的海洋自然和非自然的全部要素的整体。既包括海洋空间内的水体及其物理、化学、生物要素，海底的地质、地貌及矿产要素，海面及上空的海洋现象等自然固有要素与过程，也包括非海洋自然要素，由人类活动引起的人为因素，如海洋污染、海洋赤潮灾害等。这样定义海洋环境突出了两个问题：一是海洋环境是以人类社会为中心的海洋自然与非自然要素的总体，此点是问题的本质之处；二是海洋环境不仅是自然的要素，也是非自然的要素，特别是近代以来，沿岸和近海区域受人类活动的影响越来越大，由此引发了一系列环境后果，不论是有益的还是有害的，又都成为客观的存在之物，它们反过来对人类的生存和发展产生或大或小的作用。因此，

因人为影响而出现的海洋非自然要素应是海洋环境整体的组成部分，这一点是一些概念中易于疏漏的内容。

污染物进入海洋的途径

海洋污染源包括天然源和人为源，具有范围广、入海途径方式多样、污染物种类多、入海通量大等特点。

海洋中部分污染物是由自然活动产生的，如海底火山喷发等海洋灾害产生的污染物，部分生物生命活动产生的污染物等。

人为污染源的类型主要包括陆上污染源、海上污染源和大气污染源三种。陆上污染源主要是工业废水、城市生活污水和农田使用的化肥农药等通过河流入海，据 2008 年《中国海洋环境质量公报》统计，我国沿海 11 个省、自治区、市主要入海排污口共有 525 个，其中，渤海沿岸 96 个、黄海沿岸 185 个、东海沿岸 112 个、南海沿岸 132 个。海上污染源主要是各类船舶排污、采油平台排污、事故性溢油、养殖废水和海洋废物倾倒。大气污染源是指扩散于空气中的污染物随干湿沉降和海气直接交换进入海洋。

海底火山喷发

深入认识海洋污染

海洋污染主要是由于人类的无节制活动所造成的。就在几十年前，人们的头脑中有关环境污染、环境保护等概念还非常模糊，很多人都把海洋当作一个大垃圾箱，工农业废水和废弃物、生活污水和垃圾等都一股脑儿地倾倒至海洋和江河湖泊中。直至近些年，由于海洋中赤潮接连不断地发生，并且越来越频繁，越来越严重，给人类造成的损失也越来越大，海洋环境污染问题才开始引起人类的关注。

海洋污染包括化学污染、有机污染、生物污染、热污染等多种。随着世界范围内工业化进程的加快，由工业废水和废弃物造成的化学污染、重金属污染、有机污染、热污染，由海上石油开采与海难事故造成的石油污染，由农业造成的农药污染、化肥污染，以及由生活污水造成的有机物污染、微生物污染等，都呈现逐年加重的趋势。这些污染物有的被直接排放到海洋中，有的虽然未直接排入海洋，但通过降水和大陆径流最终还是被带入了海洋，由此而造成的复合污染已使海洋的水环境质量明显下降，部分海域的污染甚至达到了非常严重的地步。此外，水产养殖业的无序发展和养殖规模的无节制扩大，养殖废水、饵料残渣、养殖生物的排泄物等直接影响了养殖区及其附近海域的海水质量，水产养殖业产生的自身污染进一步加重了部分近海水域的环境压力。

目前我国近海以及七大水系和主要湖泊中，氮、磷污染已成为最主要的污染，如何控制含氮化合物的排放已成为突出的环境治理议题。《2000—2004年中国海洋环境质量

海洋上的大面积赤潮

《公报》指出，无机氮和磷酸盐已成为全海域的首要污染物，氮和磷已成为导致海水富营养化的最主要因子。氮和磷在自然界中的循环已引起人类的格外关注。一方面因为氮和磷是自然生态系统中必不可缺的重要营养素；另一方面氮和磷过剩又会导致水体富营养化，破坏水域的生态平衡。在最近几十年中，由于海域富营养化而导致的赤潮，已经给沿海渔业经济造成了巨大的损失，不仅我国如此，世界沿海各国也都面临着同样的压力。

你知道吗

海洋重金属及酸碱污染
包括汞、铜、锌、钴、镉、铬等重金属，砷、硫、磷等非金属以及各种酸和碱。由人类活动而进入海洋的汞，每年可达万吨，已大大超过全世界每年生产约9千吨汞的记录，这是因为煤、石油等在燃烧过程中，会使其中含有的微量汞释放出来，逸散到大气中，最终归入海洋，估计全球在这方面污染海洋的汞每年约4千吨。镉的年产量约1.5万吨，据调查，镉对海洋的污染量远大于汞。随着工农业的发展通过各种途径进入海洋的某些重金属和非金属，以及酸碱等的量，呈增长趋势，加速了对海洋的污染。

除了氮、磷污染外，随着海洋

海水鱼网箱养殖区

石油开采以及海上交通运输业的迅速发展，石油污染也成为近海污染中最普遍和最严重的海洋污染之一。此外，由生活污水带入海洋的微生物、由远洋船舶带至新海区的外来生物，以及因未加科学论证而盲目引进的新物种造成生物污染，大量排入海洋中的工业冷却水造成局部海域的热污染等等，这些污染又进一步加剧了对海洋生态平衡的破坏。长此下去，造成的后果必将是灾难性的。因此，治理海洋污染，保护海洋环境，必须引起人类的高度重视，应成为世界各国共同关注的重大议题。

海上石油污染

由于海洋的特殊性，海洋污染与大气、陆地污染有很多不同，其突出的特点表现为：①污染源广。不仅人类在海洋的活动可以污染海洋，而且人类在陆地和其他活动方面所产生的污染物，也将通过江河径流、大气扩散和雨雪等降水形式，最终都将汇入海洋。②持续性强。海洋是地球上地势最低的区域，不可能像大气和江河那样，通过一次暴雨或一个汛期，使污染物转移或消除；一旦污染物进入海洋后，很难再转移出去，不能溶解和不易分解的物质在海洋中越积越多，往往通过生物的浓缩作用和食物链传递，对人类造成潜在威胁。③扩散范围广。全球海洋是相互连通的一个整体，一个海域污染了，往往会扩散到周边，甚至有的后期效应还会波及全球。④防治难、危害大。海洋污染有很长的积累过程，不易及时发现，一旦形成污染，需要长期治理才能消除影响，且治理费用大，造成的危害会影响到各方面，特别是对人体产生的毒害，更是难以彻底清除干净。

全球气候变化与海洋环境

近年来，人们普遍关注的全球变化是指人类社会本身及其赖以生存和发展的地球环境正在发生的一系列变化，主要包括全球人口增长、土地利用和覆盖的变化、大气成分变化、全球气候变化、生源物质生物地球化学循环的变化和生物多样性丧失等方面，这些变化既相互独立，又相互影响。其中，全球气候

变化是指全球范围内气候平均状态的统计学意义上的显著改变或者持续较长一段时间的气候变动。在地球演化的历史长河中，地球经历了"冰期—间冰期"的大尺度气候变动，气温在一定的范围内呈现不规则的自然波动。近100多年来，尽管全球平均气温也经历了"冷—暖—冷—暖"两次波动，但总体表现为上升趋势。

多数科学家认为，导致全球气候变暖的主要原因是人类在近100以来大量使用矿物燃料，进行大规模农业和畜牧业生产，以及焚烧垃圾处理等都会向大气中排放温室气体，排放出大量的二氧化碳（CO_2）等多种温室气体，主要有二氧化碳（CO_2）、氧化亚氮（N_2O）和甲烷（CH_4）。由于这些温室气体对

全球气候变暖，海冰融化

来自太阳辐射的可见光具有高度的透过性，而对地球反射出来的长波段的红外辐射具有高度的吸收性，也就是常说的"温室效应"，导致了全球气候的变暖。研究表明，1000年来大气中上述三种主要温室气体的浓度升高情况，可以看出19世纪以来工业化快速发展的100多年间是温室气体浓度快速飙升的时期。人为释放的二氧化碳是导致气温升高的主要原因，目前，大气中二氧化碳浓度已达到0.387‰，是65万年以来的最高值，过去10年中大气二氧化碳浓度以每年0.0018‰的速度增长。大气中的氧化亚氮和甲烷浓度目前也已达到很高的水平。虽然后两种温室气体与二氧化碳相比在大气中浓度低很多，但它们的单位重量温室效应能力是二氧化碳的298倍和20倍。

另外，人类过量砍伐森林、破坏植被、改变土地利用方式和污染环境等都会加剧全球气候变暖的进程。除此之外，气候和其他人为因子(尤其是对生物资源的过度利用)的协同作用，将可能加重由气候引起的种种变化。由此可见，过去几百年来，人类活动已经成为气候系统的一个附加的重要成分。

全球气候变暖已给人类及其赖以生存的生态环境带来了灾难性的

被砍伐的森林

后果，如极端天气、冰川消融、永久冻土层融化、珊瑚礁死亡、海平面上升、生态系统改变、旱涝灾害增加、致命热浪等。

海洋和大气是一个系统的两个方面，不断进行热量和气体的交换，气候系统在一系列的时间尺度范围内自然变动，如季节循环、年际格局、十年际变动（如北大西洋和太平洋十年际涛动）和千年尺度的变化（如冰期间冰期转换）都属于自然变动。自然的变化反映在物种的进化适应和大尺度的生物地理学格局上。人类活动引起的全球气候快速变暖趋势也将导致海洋生态系统发生一系列物理和化学的连锁反应，使人们对气候变动的规律更加难以琢磨。

过去 100 年来，大气和表层水温升高 0.4℃~0.8℃，海水受热膨胀和融冰导致海平面快速上升。由于大陆上空比海洋上空的变暖趋势更强，沿着大洋边沿的气压梯度和风场将会被加强，导致东边界流区的上升流增强，增加了海洋表层营养盐的可获得性（如加利福尼亚沿岸）。但是，表层海水升温也会使温跃层被加强，阻止了营养盐被上升流带到表层。大气环流的改变还会引起

风暴频率的改变，如已经观测到沿岸冬季风暴增多。大气环流变化也会改变降水格局，导致沿海盐度、浊度和陆源营养盐、污染物流入的变化。气候变化还会引发大尺度海洋环流的改变，如加利福尼亚海流的平流减弱和北大西洋环流系统的改变。另外，全球气候变暖会使类似厄尔尼诺的现象发生得更加频繁。

全球气候变暖会导致海平面上升

期性变化和不规则的变化，它主要取决于海洋热收支状况及其时间变化。经直接观测表明：海水温度日变化很小，变化水深范围从 0~30 米处，而年变化可到达水深 350 米左右处。在水深 350 米左右处，有一恒温层。但随深度增加，水温逐渐下降（每深 1000 米，约下降 1℃~2℃），在水深 3000~4000 米处，温度达到 2℃~-1℃。

由于海洋生物地化循环对温室气体增加的反馈十分复杂，涉及云层、紫外辐射、浮游生物生产力和海洋微藻释放二甲基硫等过程和机制，目前还很难准确预测未来的温度和二氧化碳浓度的实际变化及其对海洋环境的确切影响，但可以肯定的是，全球气候变化还会带来其他更加复杂的环境变化。

 你知道吗

海水的温度

海水温度是反映海水热状况的一个物理量。世界海洋的水温变化一般在 -2℃~30℃ 之间，其中年平均水温超过 20℃ 的区域占整个海洋面积的一半以上。海水温度有日、月、年、多年等周

 海洋污染留给人们的思考

1. 海洋受灾，影响生物

由于大量有毒和有害的物质进入海洋，所以许多地区的沿岸海域受到严重污染损害。例如，相关资料显示，地中海沿岸各国向海区排放的污水大部分是没有经过处理的；

而排放入海的各种重金属、石油、洗涤剂数量非常大。大量有毒物质造成了地中海的严重污染，同时，海中生物体内的重金属含量达到或超过安全允许的浓度。由于海水受到严重污染，所以很多海洋生物已经死亡，在一些沿岸水域中，很多水产资源也已经绝迹，如鱼类、藻类、蟹类、贝类、海星、海胆……另外，由于波罗的海不断发生沿岸缺氧的现象，所以也造成了严重的后果，生物资源的生产和发展都受到了严重的威胁。这种情况同时出现在了日本、美国、苏联等许多国家的沿海和海湾。这必须引起人们的重视，否则后果不堪设想。

2. 生物中毒，危及人类

到目前我为止，太平洋表层海水中铅的浓度已经严重超标。当生活在海中的生物吃进海水中的重金属之后，就会蓄积在鱼贝体内，当人再吃下这些鱼、虾、贝的时候就会受害。当然，这种情况非常多，如经常吃含汞的海产品会患水俣病；镉能破坏人的肾脏，从骨骼中夺取钙而引起全身性骨折；铅会损害人的神经、造血、消化和心血管系统……流入海洋的有机氯、有机磷和有机氮，都有很强的毒性。它们能通过抑制浮游植物的光合作用来减弱鱼和贝类的繁殖能力。最终，

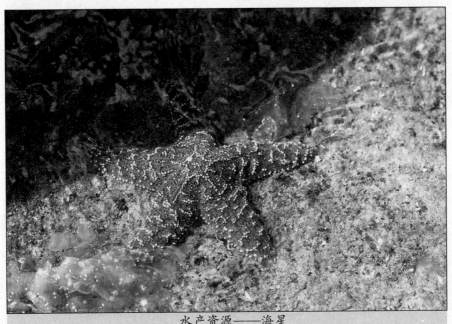

水产资源——海星

污染物通过"大鱼吃小鱼，小鱼吃虾米"的食物链聚集在一起，严重危害着人体健康。

3. 海洋环保，势在必行

地球上的一切废弃物绝大部分都通过各种渠道最终进入海洋。由于海洋处于生物圈的最低部位，所以只能被动地接受污染物，而不能将其运到别处去。虽然海洋有一定的自净能力，然而，这也是有限度的，如果使其达到了饱和状态其引起的后果必然是不堪设想的。

另外，海洋污染又是一个全球问题。如果一个国家的海域污染了，它可以向公海或其他国家的海域扩展。所以，保护海洋环境已成为一个世界性的问题，必须引起各个国家的高度重视。

第四章
大海母亲的悲鸣

　　如果你在海边有一座房子，面朝大海，清晨推开窗，你希望扑面而来的海风是带着微咸的海腥味，还是浓重的汽油味？你希望眼前的大海洁净湛蓝，还是脏乱不堪毫无生气？答案不言而喻。海洋包容万物，甚至一度用它强大的自净力宽恕了来自人类的污染，但是海洋污染日益严重，污染物让昔日纯净的海洋不再美丽。接下来，我们一起倾听来自大海的哀叹！

第一节　船舶造成的污染

什么是船舶污染

　　船舶污染主要是指船舶在航行、停泊港口、装卸货物的过程中对周围水环境和大气环境产生的污染，主要污染物有含油污水、生活污水、船舶垃圾三类。另外，也将产生粉尘、化学物品、废气等，相对来说，对环境影响较小。油类系指船舶装载的货油和船舶在运营中使用的油品，包括原油、燃料油、润滑油、油泥、油渣和石油炼制品在内的任何形式的石油和油性混合物。船舶油类污染可以分成船舶油污水（压舱水、洗舱水、舱底水、舱底残油）和船舶溢油两类污染。船舶生活污水主要是指人的粪便水，包括从小便池、抽水马桶等排出的污水和废物，从病房、医务室的面盆、洗澡盆和这些处所排出孔排出的污水和废物，以及与上述污水废物相混合的日常生活用水（指洗脸水、洗澡水、洗衣水、厨房洗涤水等）和其他用水。船舶垃圾系指在船舶正常的营运期间产生的，并要不断地或定期地予以处理的各种食品、日常用品、工作用品的废弃物和船舶运行时，产生的各种废物，主要有食品垃圾（米饭、菜肴、干点、饮料、糖果等）、塑料制品垃圾（聚氯乙烯制品、合成纤维制品、玻璃钢制品）及其他垃圾（纸、木制品、布类制品、玻璃制品、金属制品、陶器制品等）。

船舶会对周围水环境产生污染

声呐污染

如今，唯一能在深海做远距离传输的能量形式是声波。鉴于此，声呐技术成为探测水下目标的技术诞生了。

所谓声呐就是利用水中声波对水下目标进行探测、定位和通信的电子设备，它是水声学中应用最广泛、最重要的一种装置。

到目前为止，声呐技术已经有100多年的历史。在1906年，英国海军刘易斯·尼克森发明了声呐技术。刘易斯·尼克森发明的第一部声呐仪是一种被动式的聆听装置，主要用来侦测冰山。在一战时，这种技术被应用在战场上，主要是侦测潜藏在水底的潜水艇。

后来，各国海军利用声呐进行水下监视，如对水下目标进行探测、分类、定位和跟踪；进行水下通信

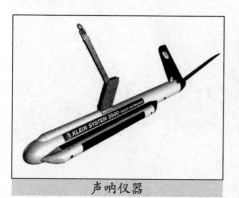

声呐仪器

和导航，保障舰艇、反潜飞机和反潜直升机的战术机动和水中武器的使用……与此同时，声呐技术还广泛用于其他方面，如鱼雷制导、水雷引信，以及鱼群探测、海洋石油勘探、船舶导航、水下作业、水文测量和海底地质地貌的勘测……

总之，声呐技术在很多方面都被应用，而且给人类带来了很多方便。

1. 声呐与海洋生物

目前，在全世界范围内，各个国家的海军都使用声呐技术。它作为导航和探测水下舰艇活动的技术被用在舰艇装备中。在反潜作战中，中频主动声呐就是向周围海域发射中频率波段的声波，这样就可以探测敌方潜艇，对战争获胜非常有利。所以，在美军舰艇和潜水艇中一般都配备了中频声呐系统。它释放的噪声所传距离非常远。

美国自然资源保护委员会的一项报告显示，军事声呐等不断加剧的海洋噪声正影响着海豚、鲸的生活。其具体的依据是什么呢？原来这些动物必须依赖声音进行交配、觅食以及躲避天敌。另外，报告中还指出，海洋噪声轻则影响海洋生物的长期行为，重则导致它们的听力丧失甚至死亡。通过研究，很多

科学家认为军用声呐可以伤害、杀死并大范围破坏海洋哺乳动物是不容置疑的。与此同时，美国环境和鲸保护组织通过自身的努力来保护海洋哺乳动物免受美军声呐影响，通过研究，他们也发现声呐与鲸的死亡率之间有着非常密切的关系。同时，声呐也降低了大比目鱼和其他鱼类捕食的成功率以及鱼类的繁殖率和巨型海龟的行为……总之，其危害是非常大的。

相关资料记载了一系列由中频声呐试验导致的鲸大量搁浅及死亡事件：1996年5月，美军在北约的一次演习中，有14头剑吻鲸在希腊海岸搁浅；2000年3月，美军在百慕大海域再度进行声呐实验，由于军舰配备的声呐影响，3个种类共16头鲸搁浅在长达150米的海岸线上，其中6头死亡，其余冲滩搁浅

的剑吻鲸眼睛、颅部出血，肺爆裂；2002年7月，66头领航鲸在美国马萨诸塞州的鳕雪角集体自杀，原因同样与声呐实验有关；2004年7月，在环太平洋军事演习中，美军声呐测试之后，夏威夷沿岸的浅水中就有200头鲸鱼搁浅，其中1头鲸鱼幼子死亡；2005年初，由于美军声呐试验，37头鲸搁浅在北卡罗来纳州的外滩；2009年3月，美国"无瑕号"在南海被中国渔政人员和渔民拦截并驱赶，打开声呐"工作"后不久就在"无瑕号"声呐范围内的香港海岸边，出现一条长逾10米的成年座头鲸迷航搁浅……这种事例在国际上已经是屡见不鲜。

2. 声呐对海洋生物的影响

如今，很多活生生的例子已经证明了很多海洋生物的死亡与和海

声呐噪音正影响着鲸的生活

军的声呐武器有密切的关系。相关资料显示，科学家们发现搁浅死亡鲸的脑膜严重出血，在其肝脏、肾脏、肺部等部位都发现有堵塞物；对一些鲸进行尸体解剖后发现，鲸鱼的听觉部位结构损毁，耳朵附近有大面积出血，所有的这些都是音波危害造成的。

声呐噪音会使鲸鱼的听觉部位损毁

可见，声呐可通过影响鲸类的行为来造成很多无谓的伤害。在舰艇声呐作用的整个区域，鲸类会停止发出声音和搜寻食物的行为，如果长久下去就会因饥饿而死亡。北胆鼻鲸天敌发出的声音与声呐发出的较弱声音信号类似，正因为如此，北胆鼻鲸会认为在附近有天敌活动，为了保护自己就会改变自己的行为方式。这些声呐由于声音过大，所有听到的海洋动物都会惊慌失措，有的浮出水面，有的乱撞，最终不幸死亡。

另外，通过研究，科学家们还认为声呐发射的声波可能干扰鲸和海豚利用自身声呐捕食。它会因为给动物带来惊吓使其不得不钻出水面，最终酿成悲剧。

为了使动物得到最好的保护，现在的政策要求海军当有海洋哺乳动物在附近时要关停声呐并采用其他手段来保护动物。

与海军装备中多种潜艇和其他舰艇的中频主动声呐技术相比，低频主动声呐技术更加先进。如今，低频主动声呐只在美海军的两艘舰上使用，其均部署在西太平洋，而这种却被联邦政府禁止在夏威夷群岛海域使用。

当然，对于低频主动声呐技术，很多国家都持有不同的态度，甚至有些环境保护主义者认为其对海洋动物的危害更大。

船舶污染源

船舶在停靠和运行过程中，不可避免地直接或间接地把一些物质或能量引入海洋环境，造成了海洋污染，以致损害海洋资源和海洋生态，危害人类健康。按照污染发生的方式，船舶污染源可分为船舶操作污染源、海上事故污染源和船舶倾倒污染源三类。

（1）船舶操作污染源：指船员

燃料油外溢对海洋造成的污染

在操作过程中，因操作不当或由于设备系统的损坏导致的意外排放。这种污染主要有以下几种：①生活用水的污染。船舶对海洋环境的影响主要是污水中所含的有机废物和携带的各种致病微生物和寄生虫。如果排放过多，就会破坏水中氧的平衡，对海洋环境造成有害影响。②洗舱水的污染。③压载水的污染。④垃圾物的污染。船舶营运中产生的各种垃圾，如垫舱物、包装材料、油污、铁锈、油棉纱等；船员、旅客生活垃圾等。如果直接排放入海，将严重影响鱼、贝等海洋生物的生长和繁殖，破坏海洋资源。

（2）海上事故污染源：船舶由于发生碰撞、搁浅、触礁等海上事故，造成油舱破裂、燃料油外溢而对海洋造成的污染。这种污染对海洋环境的污染及沿岸经济的破坏是不可估量的。

你知道吗

如何处理船上的生活垃圾

对船上生活垃圾的处理，主要方法是收集到岸上处理、在船上焚烧、磨碎排放等。收集到岸上处理的方法用得最多，目前已有多种类型的收集装置，这种方法的优点是简单、实用，缺点是食品类垃圾容易腐烂，如果垃圾量大，需要容器的体积大，增加了船体的重量。此外，转运成本高。在船上焚烧，最大的优点是减量比例大，能达到90%以上，还能彻底消灭病菌，缺点是焚烧炉的投资比较高，要产生大气污染，至于焚烧炉的技术设备较成熟。磨碎法，因为只改变了污染物的物理形态，在内河上，只能和其他方法结合使用，对于海船，可以在一定条件下直接排放。

（3）船舶倾倒污染源：这种污染源的产生是由于船舶故意将陆地上产生的生产废料、生活垃圾以及清理被污染航道、河道所产生的带有污染物质的污泥污水倾倒入海洋所致。

第二节 石油开发造成的污染

什么是油气

油气资源也就是石油。最早提出"石油"一词的是公元977年中国北宋编著的《太平广记》。正式命名为"石油"是根据中国北宋杰出的科学家沈括（公元1031—1095）在所著《梦溪笔谈》中根据这种油"生于水际砂石，与泉水相杂，惘惘而出"而命名的。在"石油"一词出现之前，国外称石油为"魔鬼的汗珠""发光的水"等，中国称"石脂水""猛火油""石漆"等。

人们所说的石油到底是什么？1983年第11届世界石油大会上，对石油给出了较为明确的定义。

石油开采设施

125

广义的石油是指储存在地下岩石孔隙介质中的可燃有机矿产，其相态有气态、液态、固态及其混合物，主要成分为烃类（碳氢化合物），其分子结构有链状和环状，链状分子结构的碳氢化合物成为烷烃，环状分子结构的碳氢化合物成为环烷烃或芳香烃。广义的石油包括原油、天然气，狭义石油指的是原油。

1. 原油

原油是指石油的基本类型，储存在地下储集层内，在常压条件下呈液态。其中也包括一小部分液态的非烃类组分。原油的化学元素主要是碳、氢、氧、氮、硫，其中碳和氢所占的比例最高，含碳 84%~87%，含氢 12%~14%，剩下的 1%~2% 为氧、氮、硫、磷、钒等元素。这些

储存和运输天然气的船只

元素的大多数是以化合物的形态出现。我们可以把石油中名目繁多的化合物分成两大类：一类是由碳、氢元素组成的化合物，即通常称为烃类的化合物，如链烷烃、环烷烃、芳香烃，这是原油的主要成分；另一类是含氧、氮、硫的非烃化合物，如含氧的酚、醛、酮，含氮的叶琳，含硫的硫醇、噻吩等。

2. 天然气

天然气也是石油的主要类型，呈气相，或处于地下储集层条件时溶解在原油内，在常温和常压条件下又呈气态。其中也包括一些非烃组分。广义上来说，天然气除了以碳氢化合物组成的可燃气体外，凡经地下产出的任何气体都可称为天然气，如二氧化碳气、硫化氢气等。

我国习惯上把天然气分为气层气、伴生气和凝析气三种。

气层气也称气田气。它是指在地层中呈气态单独存在，采出地面后仍为气态的天然气。例如，我国四川庙高寺等地、陕甘宁盆地中部（以下简称陕北）的天然气均属于气层气。气层气的甲烷含量一般在 90% 以上，其他组分为乙烷、丙烷，以及二氧化碳、氮、硫化氢和稀有气体（氦、氩、氖等）。低热值为 34 500~36 000 千焦/米^3。

伴生气也称油田气。它在地层中溶解在原油中，或者呈气态与原油共存，随原油同时被采出的天然气。例如，我国大庆、胜利等油田所产的天然气中大部分是伴生气。华北油田向北京输送的天然气中，也有一部分是经过净化处理的伴生气。伴生气中甲烷含量一般占65%~80%，还有相当数量的乙烷、丙烷、丁烷甚至更重的烃类。低热值为 41 500~43 900 千焦／米^3。

凝析气是指在地层中的原始条件下呈气态存在，在开采过程中由于压力降低会凝结出一些液体烃类（通常叫作凝析油）的天然气。例如，我国新疆柯克亚的天然气就属于凝析气。华北油田向北京输送的天然气中，除前边提到的伴生气外，还有相当一部分是经过净化处理的凝析气。凝析气的组成大致和伴生气相似，但是它的戊烷、己烷以及更重的烃类含量比伴生气要多，一般经分离后可以得到天然汽油甚至轻柴油产品。凝析气的低热值为46100~48500 千焦／米^3。

分离天然气液的装置

气汽油和凝析油等，也可能包含少量非烃类。

凝析油是指凝析气田天然气凝析出来的液相组分，又称天然气油。其主要成分是 C5 至 C8 烃类的混合物，并含有少量的大于 C8 的烃类以及二氧化硫、噻吩类、硫醇类、硫醚类和多硫化物等杂质，其馏分多在 20℃~200℃。

3. 天然气液

天然气液是天然气的一部分，从分离器内、天然气处理装置内呈液态回收而得到。天然气液包括（但不限于）甲烷、乙烷、丙烷、天然

认识石油污染

所谓石油污染就是石油及其产品在开采、炼制、贮运和使用过程中，

进入海洋环境而造成的污染。这种环境污染对人类产生了非常大的危害。如在伊拉克战争中造成的海洋石油污染，不仅严重破坏了波斯湾地区的生态环境，而且造成洲际规模的大气污染，严重威胁着人类的身体健康。

开采石油的巨大危害

　　海上探油和开采会打扰海洋环境，尤其以清理海底的挖掘工作破坏环境最严重。过量的石油开采会造成含油区地下空间越来越大，虽经注水作业但作用很小，如含油区处于地震带，那么石油开采会引起地震带更为活跃，甚至可造成地震带的迁移，同样的震级，开采后的含油区地震时所产生的破坏力要大得多。

　　当然，油品入海有非常多的途径，如炼油厂含油废水经河流或直接注入海洋；油船漏油、排放和发生事故，使油品直接入海；海底油田在开采过程中的溢漏及井喷，使石油进入海洋水体；大气中的石油低分子沉降到海洋水域；海洋底层局部自然溢油……在石油入海之后马上就发生复杂的变化，包括扩散、蒸发、溶解、乳化、光化学氧化、微生物氧化、沉降、形成沥青球，以及沿着食物链转移……

石油泄漏造成的海洋污染

　　如今很多地方已经深受海洋石油污染的毒害，因为它是一种世界性的严重的海洋污染。一旦一个海域发生了石油污染，必然逐步扩散到其他海域。

　　河口、港湾及近海水域，海上运油线和海底油田周围是海上石油污染的主要发生地。

　　在石油入海之后就会发生变化，这个过程可能在很多方面存在不同，但基本上是同时进行的。

　　（1）扩散。在重力、惯性力、摩擦力和表面张力的作用下，入海的时候首先在海洋表面迅速扩展成薄膜，然后在风浪和海流的作用下，被分割成很多块状或带状油膜，随风飘移扩散。消除局部海域石油污染的主要过程就是扩散。而影响油在海面漂移的最主要因素是风，在风力的作用下，石油的扩散速度非常快。通过观察发现，中国山东半岛沿岸发现的漂油，冬季主要在半岛北岸，而春季主要在半岛南岸，之所以产生这样的不同与风有着密切的关系。另外，石油自身的成分也对其扩散起到了加速作用，如氮、硫、氧等非烃组分都是表面活性剂。

（2）蒸发。在石油扩散和漂移的过程中，轻组分通过蒸发逸入大气，此时蒸发的速度会随分子量、沸点、油膜表面积及厚度和海况的不同而不同。其实蒸发可以消耗掉进入海中的不少石油。

（3）氧化。在光和微量元素的催化下，海面油膜发生自氧化和光化学氧化反应，氧化是石油化学降解的主要途径，氧化的速度是由石油烃的化学特性决定的。在石油入海之后的很多天之内，扩散、蒸发和氧化过程都会对水体石油的消失有着非常重要的作用，因为它们使石油的扩散速率比自然分解速率高很多。

（4）溶解。从石油的化学成分看，低分子烃和有些极性化合物还会溶入海水中。正链烷在水中的溶解度与其分子量成反比，芳烃的溶解度大于链烷。虽然溶解作用和蒸发作用都属于低分子烃的效应，然而它们对水环境却有不同的影响。石油烃溶于海水中，如果被海洋生物吸收，人们再食用它们，必然会产生非常恶劣的影响。

（5）乳化。石油入海后，由于

海面油膜发生自氧化

海流、涡流、潮汐和风浪的搅动，所以容易发生乳化作用。乳化包括油包水乳化和水包油乳化，油包水乳化较稳定，常聚成外观像冰淇淋状的块或球，较长期在水面上漂浮；水包油乳化较不稳定且易消失。在油溢后，如使用分散剂有助于水包油乳化的形成，不仅加速海面油污的去除，同时也加速生物对石油的吸收。

（6）沉积。海面的石油经过蒸发和溶解后，形成致密的分散离子，聚合成沥青块，或吸附于其他颗粒物上，要么沉降于海底，要么漂浮上海滩。沉入海底的石油或石油氧化产物，在海流和海浪的作用下，还可再上浮到海面，最终造成二次污染。

（7）海洋生物对石油烃的降解和吸收。在降解石油烃方面，微生物起着重要的作用，烃类氧化菌广泛分布于海水和海底泥中。另外，海洋植物、海洋动物也能降解一些石油烃。浮游海藻和定生海藻可直接从海水中吸收或吸附溶解的石油烃类。海洋动物会摄食吸附有石油的颗粒物质，溶于水中的石油可通过消化道或鳃进入它们的体内。因为石油烃是脂溶性的，所以，一般情况下，海洋生物体内石油烃的含量会随着脂肪的含量增大而逐步增高。在清洁的海水中，如果海洋动物吸食了石油可以比较快地排出。但是如果是在被污染的水中则需要人类进一步的努力。

石油泄入海后，从海中消失的

海洋植物也能降解一些石油烃

速度及影响的范围,依入海的地点、油的数量和特性、油的回收和消油方法、海洋环境的因素等方面都会有很大的不同。如果水温较大可以加快石油的消失速度。但是如果石油是渗入到沉积物中则需要漫长的过程。

海洋污染对浮游动物的危害

浮游动物是指漂浮的或游泳能力很弱的小型动物,随水流而漂动,与浮游植物一起构成浮游生物。从单细胞的放射虫和有孔虫到鲱、蟹和龙虾的卵或幼虫,都可见于浮游动物中。浮游动物个体小,在海洋生态系统中占有非常重要的地位,也是海洋生态系统物质循环和能量流动的最主要环节之一。浮游动物作为海洋生态系统的次级生产力,以浮游植物等海洋初级生产力为营养条件,同时,它们又是海洋动物的主要食物来源,在海洋食物链结构中占有重要地位。浮游动物通过摄食影响或控制初级生产力,同时其种群动态变化又可能影响许多鱼类和其他动物资源群体的生物量。因此,浮游动物的群落结构、数量特征的改变,直接影响着海洋渔业资源。

海洋浮游动物

石油类物质对海洋生物的"屠杀",可谓是"一扫而光"的政策,低等的海洋浮游动物自然很难逃脱石油的魔掌。许多研究表明,分散在海水中的微小乳化的油滴易黏附在浮游动物附肢,影响其正常行为和生理功能,而使受污个体沉降并最终死亡。

2002年11月23号发生的"塔斯曼海"轮溢油事故造成了渤海湾中浮游动物的优势种的变化,溢油后真刺唇角水蚤不再作为优势种,而且其他优势种如中华哲水蚤和强壮箭虫的密度也发生了较大变化,对发生事故海域的浮游动物的种群结构造成了一定影响。

石油污染对浮游植物的危害

浮游植物是生活在水体中没有游泳能力或运动能力微弱，只能随波逐流被动地漂浮的生物群体。浮游植物个体小，生命周期短，数量多，分布广，是海洋生产力的基础，也是海洋生态系统物质循环和能量流动最主要的环节之一。当油污覆盖住海面，遮住了阳光，浮游植物就不能进行光合作用，逐渐死去，也会断绝了鱼虾们的食物。

2002年11月23日，满载原油的马耳他籍油轮"塔斯曼海"轮与中国大连"顺凯一号"轮在天津大沽锚地东部海域发生碰撞，造成大量原油泄漏，"塔斯曼海"轮原油泄漏给渤海湾海洋生态环境造成了严重破坏，后果相当严重。

采用国家海洋局北海监测中心

2001年11月在该海域海洋生物监测作为背景值进行比较，将背景值与溢油后（事故后一周）海洋生物检测值进行比较，溢油后浮游植物的种类数目减少了16种，平均细胞数量减少了42.3%，优势种明显减少。而比较溢油前后两次初级生产力的调查结果可知，溢油前后浮游植物的优势种发生了改变，溢油后初级生产力较本底值也明显偏低，与浮游植物数量和种类大量减少相一致，因此由于溢油事故对浮游植物种类与数量产生了影响，从而也影响了该海域的初级生产力。

石油还能妨碍海藻幼苗的光合作用。浓度为千分之一的柴油乳化液三天内就能几乎完全阻止海藻幼苗的光合作用，而燃料油对海藻幼苗的毒性更大。如日本东京湾，一艘油轮在装货时漏出2.5吨燃料油，使当地养殖的紫菜歉收。日本海上保安厅对此事进行了专门调查，证明损失是该油轮造成的。

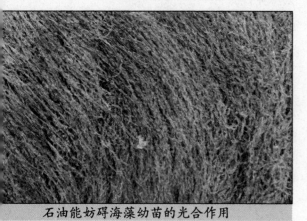

石油能妨碍海藻幼苗的光合作用

你知道吗

海藻

海藻是生长在海中的藻类，是植物界的隐花植物，主要特征为：无维管束组织，没有真正根、茎、叶的分化现象；不开花，无果实和种子；生殖器官无特化的

保护组织，常直接由单一细胞产生孢子或配子；以及无胚胎的形成。由于藻类的结构简单，所以有的植物学家将它跟菌类同归于低等植物的"叶状体植物群"。但是由于海藻属于单细胞生物，容易被一些海洋污染物所污染，从而使整个区域的海藻生态系统受到破坏。

海洋底栖生物

石油污染对底栖生物的危害

底栖生物是由生活在海洋本底表面或沉积物中的各种生物所组成，该类群生物是大型经济生物，主要栖息于海底，或做间歇性游动，基本上不做远距离迁移。在海洋食物链中，底栖生物充当着多重角色的作用，既是生产者、消费者，也是分解者，在海洋生态系统的能量流动和物质循环中起着重要的作用。因此，海洋底栖生物群落的变化将会对海洋生态系统产生重要的影响。一旦栖息环境受到石油污染而发生改变，底栖生物会受到长期的影响。已有研究证明，底栖贝类受到污染后，一般需5~6年才能恢复。

国家海洋局北海监测中心资料显示，"塔斯曼海"轮所泄原油在事故地点附近海域的沉积物以及滩涂底泥样品中都有发现。

底栖动物不仅受海水中石油的影响，而且也受沉降到海底的石油的影响。在较大型的底栖动物中，棘皮动物对油污十分敏感。"达姆比克－马罗号"油船失事后很短时间内，棘皮动物便大量死亡。海中大量的海星、海胆、海参等棘皮动物几近灭绝。以海胆为例，当海水乳化油的浓度为千分之一时，海胆的管足就不能活动并在一小时内便可致死。即使油船行驶过后产生的油迹也能降低海胆的受精率，且孵化出来的幼卵几乎都是畸形的。

底栖生物活动性小，地区性强，回避污染的能力远不及浮游生物，因此很容易受到石油的侵害。软体动物大都栖息在海底，当有大量石油从海面下沉时，石油氧化时会消耗底层水中大量氧气，而且石油通常会堵住软体动物的出入水管，致

使软体动物窒息死亡。"达姆比克·马罗号"油船失事中流出的柴油杀死了大量的蛤和鲍鱼。几乎所有的双壳类软体动物都是滤食性的。当海水在有大量石油液滴时，就会被吸入软体动物的入水管，聚集在套膜腔内。如果石油呈乳化状或被吸附在泥粒上，也可能黏在鳃上或进入胃肠中，损害软体动物的生理机能，甚至达到致死的程度。1963年，一艘货船在美国西海岸遇难，大量燃料油流出，第一周内便有几十万个蛤被杀死，而总的死亡数还要多得多，致使该地养蛤业的收获量只达正常年景的9%。

海洋一旦受到石油污染，海洋中的浮游生物很难逃脱石油的魔掌，那些普遍受到大众喜爱的海鲜产品也就失去了经济价值，不管是海洋生态系统的平衡还是人类对海产品的需求，都将会受到严重的影响。

石油污染对渔业的危害

油污染破坏海洋环境给渔业带来的损害是多方面的。首先污染能引起当时该海区的鱼虾回避使渔场破坏或引起鱼类死亡，造成海上捕捞渔获量的直接减产；其次表现为产值损失，即由于商业水产品的品质下降及市场供求关系的改变，导致了市场价格波动；另外，如果油污染发生在产卵期和污染区正处于

海洋污染会导致海鲜产品污染

产卵中心，因鱼类早期生命发育阶段的胚胎和仔鱼是整个生命周期中对各种污染物最为敏感的阶段，油污染使产卵成活率降低、孵化仔鱼的畸形率和死亡率升高，所以能影响种群资源延续，造成资源补充量明显下降。

阿拉斯加漏油事件对渔业也造成了重大的损失。渔业损失主要为鲑鱼、黑鳕鱼的大量死亡及青鱼产卵地的破坏。威廉王子海峡附近是产大马哈鱼最多的海域之一，也是盛产鲱鱼卵之处，但事故使两种鱼类的孵卵处和卵都受到污染的侵袭，渔场毁于一旦，直接损失达8亿美元。此外潜在的损害更进一步扩展到事件发生地的生态系统中，存活下来的生物在受到冲击后的数年中，受毒物的影响将遗传至数种生物的后代。墨西哥湾的漏油正在威胁路易斯安那州12 000多千米长的海岸线，成为路易斯安那州捕鱼业的噩梦。每年捕鱼业给该州带来24亿美元的收入，至少27 000份工作直接与捕鱼业有关。然而，由于墨西哥湾大量漏油，路易斯安那州周围海域和沿岸大部分区域被封锁，已经无法捕鱼。同时漏油和化学分散剂也正在接近牡蛎养殖场，随着热带风暴的到来，将会把大量的污染物带入近海，从而造成牡蛎养殖业的严重危机。

第三节　海洋红色幽灵：赤潮

海洋杀手：赤潮

　　赤潮是一种有害的生态现象。它在特定的环境条件下，海水中某些浮游植物、原生动物或细菌爆发性增殖或高度聚集而引起水体变色。其实，赤潮是一个历史沿用名，它并不表示一定都是红色。因此，它是许多赤潮的统称。由于赤潮发生的原因、种类和数量有所不同，所以水体会呈现不同的颜色，如红色、砖红色、绿色、黄色、棕色……这里需要指出的是，某些赤潮生物引起赤潮并不引起海水颜色的变化。

　　一般来说，赤潮可分为有毒赤潮与无毒赤潮两类。有毒赤潮是指赤潮生物体内含有某种毒素或能分泌出毒素的生物为主形成的赤潮。一旦有毒赤潮形成，可对赤潮区的生态系统、海洋渔业、海洋环境以及人体健康造成很大的危害。无毒赤潮是指赤潮生物体内不含毒素，以不分泌毒素的生物为主形成的赤潮。无毒赤潮对海洋生态、海洋环境、海洋渔业也会有危害，但不会产生毒害作用。

赤潮是一种有害的生态现象

关于赤潮的历史记载

人类对赤潮早就有相关记载，如《旧约·出埃及记》中就有关于赤潮的描述："河里的水，都变作血，河也腥臭了，埃及人就不能喝这里的水了"。在日本，早在腾原时代和镰仓时代就有赤潮方面的记载。1803年，法国人马克·莱斯卡波特记载了美洲罗亚尔湾地区的印第安人根据月黑之夜观察海水发光现象来判别贻贝是否可以食用。1831～1836年，达尔文在《贝格尔航海记录》中记载了在巴西和智利近海面发生的束毛藻引发的赤潮事件。据载，中国早在2000多年前就发现赤潮现象，一些古书文献或文艺作品里已有一些有关赤潮方面的记载。如清代的蒲松龄在《聊斋志异》中就形象地记载了与赤潮有关的发光现象。

从赤潮发生的地理特征方面来说，可分为外海型赤潮和近岸、河口、内湾型赤潮。外海型赤潮是指在外海或洋区出现的赤潮。近岸、河口、内湾型赤潮分别是指发生在近岸区、河口区或内湾区等水域的赤潮。在我国的赤潮以近岸、河口、内湾型赤潮为主，如辽东湾、大连湾、胶州湾、杭州湾、深圳湾及黄河口、长江口、珠江口、厦门港等海域发生的赤潮。

红色幽灵的成因

1. 海水富营养化

海水富营养化是赤潮发生的物质基础和首要条件。由于城市工业废水和生活污水大量排入海中，使营养物质在水体中富集，造成海域富营养化。此时，水域中氮、磷等营养盐类，铁、锰等微量元素以及有机化合物的含量大大增加，促进赤潮生物的大量繁殖。赤潮检测的结果表明，赤潮发生海域的水体均已遭到严重污染，富营养化。氮、磷等营养盐物质大大超标。据研究表明，工业废水中含有某些金属可以刺激赤潮生物的增殖。在海水中加入小于3毫克/立方分米的铁螯合剂和小于2毫克/立方分米的锰螯合剂，可使赤潮生物卵甲藻和真甲藻达到最高增殖率，相反，在没有铁、锰元素的海水中，即使在最适合的温度、盐度、pH值和基本的营养条件下也不会增加种群的密度。其次，一些有机物质也会促使赤潮生物急剧增殖。如用无机营养盐培

养简裸甲藻，生长不明显，但加入酵母提取液时，则生长显著，加入土壤浸出液和维生素时，光亮裸甲藻生长特别好。

海水富营养化

2. 水文气象和海水理化因子的变化

水文气象和海水理化因子的变化是赤潮发生的重要原因。海水的温度是赤潮发生的重要环境因子，20℃~30℃是赤潮发生的适宜温度范围。科学家发现一周内水温突然升高大于2℃是赤潮发生的先兆。海水的化学因子如盐度变化也是促使生物因子——赤潮生物大量繁殖的原因之一。盐度在26‰~37‰的范围内均有发生赤潮的可能，但是海水盐度在1.5‰~21.6‰时，容易形成温跃层和盐跃层。温、盐跃层的存在为赤潮生物的聚集提供了条件，极易诱发赤潮。由于径流、涌升流、水团或海流的交汇作用，使

海底层营养盐上升到水上层，造成沿海水域高度富营养化。营养盐类含量急剧上升，引起硅藻的大量繁殖。这些硅藻过盛，特别是骨条硅藻的密集常常引起赤潮。这些硅藻类又为夜光藻提供了丰富的饵料，促使夜光藻急剧增殖，从而又形成粉红色的夜光藻赤潮。据监测资料表明，在赤潮发生时，水域多为干旱少雨，天气闷热，水温偏高，风力较弱，或者潮流缓慢等环境。

3. 海水养殖的自身污染

海水养殖的自身污染亦是诱发赤潮的因素之一。随着全国沿海养殖业的大发展，尤其是对虾养殖业的蓬勃发展，也产生了严重的自身污染问题。在对虾养殖中，人工投喂大量配合饲料和鲜活饵料。由于养殖技术陈旧和不完善，往往造成投饵量偏大，池内残存饵料增多，严重污染了养殖水质。另一方面，由于虾池每天需要排换水，所以每天都有大量污水排入海中，这些带有大量残饵、粪便的水中含有氨氮、尿素、尿酸及其他形式的含氮化合物，加快了海水的富营养化，同样为赤潮生物提供了适宜的生态环境，使其增殖加快，特别是在高温、闷热、无风的条件下最易发生赤潮。由此可见，海水养殖业的自身污染也使

海水养殖也是诱发赤潮的因素之一

赤潮发生的频率增加。

红色幽灵下的噩梦

1. 对海洋生态环境的危害

海洋是一种生物与环境、生物与生物之间相互依存，相互制约的复杂生态系统。海洋生态系统中的物质循环、能量流动都是处于相对稳定，动态平衡的。

浮游植物异常的爆发性增殖或聚集是引起赤潮的最主要原因，因此，在海洋生态系统的生产环节中生物与环境的关系将发生剧烈的变化。

在赤潮发生初期，由于植物的光合作用，水体中的叶绿素a、溶解氧、化学耗氧量会大幅偏高，同时会大量消耗水体中的二氧化碳，破坏海域水体的二氧化碳的平衡，导致海水酸碱度会发生较大改变，海水的pH值会升高。这种环境因素的变化，改变了适合海洋生物生存的环境条件，致使一些海洋生物无法正常生长、发育和繁殖，导致一些生物逃避甚至死亡，必然会使生物种群结构破坏，打破原有的生态平衡。

赤潮会导致生物死亡

你知道吗

赤潮对人体的危害

有些赤潮生物分泌赤潮毒素，当鱼虾、贝类处于有毒赤潮区域内，摄食这些有毒生物，虽不能被毒死，但生物毒素可在体内积累，其含量大大超过食用时人体可接受的水平。这些鱼虾、贝类如果不慎被人食用，就会引起人体中毒，严重时可导致死亡。据统计，全世界因食用赤潮毒素的贝类中毒事件300多起，死亡300多人。

如果形成的赤潮是有毒赤潮，那么，动物在摄食了这些赤潮生物后就会对自身的生命造成严重威胁；有些有毒赤潮藻产生的毒素能够经由海洋食物链传递到较高营养级，导致高营养级海洋生物中毒和死亡，如石房蛤毒素、短裸甲藻毒素、软骨藻酸等都曾造成海洋哺乳类或鸟类中毒事件。

许多赤潮藻是群体生活的，大量赤潮藻类漂浮在海面上，在赤潮藻种达到一定密度之后，会降低光线透过率，影响海底植物的光合作用，同时也会影响海洋动物的呼吸作用，导致水下生物大量死亡。有些种类还会向体外分泌黏液状物质使水体变得黏稠，会堵塞某些动物的鳃瓣，使其呼吸和觅食功能受到损坏，导致窒息死亡。

最终，由于生产过量，食物链失去调控能力，过量繁殖的赤潮生物大量死亡，尸体分解过程中会产生极大的危害。如果在有氧环境下分解，会使海水中的溶解氧急剧下降，使海域出现低氧甚至无氧区，威胁海洋生物的生存；如果尸体在缺氧环境下分解，会产生大量的硫化氢、氨等有害气体，使局部海域生态环境进一步恶化。

综上所述，赤潮对海洋生态系统的破坏是非常严重的，尤其是在我国少数封闭性较强的内湾，一旦出现赤潮，一环扣一环的正常生态系统要想得到维持是不可能的，原有结构和功能必将受到破坏，可能出现的是一个从水体的富营养化发展到赤潮，又从赤潮生物的死亡分解将营养盐释放给水体的恶性循环。

危害巨大的赤潮

2. 对渔业的危害

赤潮对渔业的危害表现在，赤潮能使内湾养殖业的养殖对象全军覆没；外海捕捞业也可能因赤潮而导致一无所获。当然，并不是每次赤潮都能带来如此大的危害，但赤潮每年都会造成或多或少的经济损失。

以下为近几年赤潮对我国渔业比较严重的危害事件。

2009 年 5 月 17 日，福建省莆田市南日岛周边海域发生了大面积赤潮，持续了 8 天，面积为 10 平方千米，赤潮优势种为夜光藻，赤潮区水体呈红色条状分布。因此此赤潮持续时间长、污染范围广，加上适逢天文小潮，海水对流缓慢，造成当地海上养殖经济鱼类以及成品鲍鱼大面积死亡，造成海洋水产养殖损失 0.6 亿元。

2009 年 5 月 23 日，福建省平潭县龙王头海水浴场及流水码头海域发生赤潮，持续时间 2 天，面积为 20 平方千米，赤潮优势种为夜光藻，赤潮区水体呈暗红色条状分布，此次赤潮灾害造成海洋水产养殖损失 0.05 亿元。

2008 年 6 月 16 日~21 日，辽宁省丹东市附近海域发生赤潮，最大面积达到 500 平方千米，赤潮优势

夜光藻是赤潮的优势种

种为夜光藻，当地贝类养殖受到影响，直接经济损失 0.02 亿元。

2007 年 6 月 11 日~13 日，福建省平潭东澳一级渔港码头西面海域及平潭龙王头海域发生小面积赤潮，主要带来赤潮的生物为米氏凯伦藻，海水养殖直接经济损失约为 0.05 亿元。

2007 年 9 月 7 日~21 日，广东省汕尾港区及附近海域发生赤潮，最大面积约 30 平方千米，主要赤潮生物为棕囊藻，直接经济损失 0.01 亿元。

2006 年 12 月 3 日~23 日，广东省汕尾港海域发生赤潮，最大面积约 45 平方千米，主要赤潮生物为球形棕囊藻，有零星死鱼现象。

2005 年 5 月 30 日~6 月 10 日，浙江南鹿列岛附近海域赤潮，最大

海滩上的球形棕囊藻

面积约 500 平方千米，主要赤潮生物为米氏凯伦藻和具齿原甲藻，网箱养殖鱼类大量死亡，直接经济损失 0.24 亿元，此次赤潮造成的经济损失接近南麂镇全年养殖业的总产量。此外，此次赤潮波及洞头、瑞安、苍南海域，所经之处，也出现不同程度的海洋原生鱼类和养殖鱼类的死亡。

2005 年 5 月 31 日~6 月 16 日，浙江洞头赤潮监控区及附近海域赤潮，最大面积约 300 平方千米，主要赤潮生物为米氏凯伦藻和具齿原甲藻，直接经济损失 0.37 亿元。

2005 年 7 月 4 日，山东东营港附近海域赤潮，最大面积约 40 平方千米，主要赤潮生物为棕囊藻，直接经济损失 0.01 亿元。

2005 年 8 月 23 日~25 日，山东东营 106 海区附近发生赤潮，最大面积约 140 平方千米，主要赤潮生物为棕囊藻，直接经济损失 0.02 亿元。

2005 年 9 月 23 日~27 日，江苏海州湾海域赤潮，最大面积约 1000 平方千米，主要赤潮生物为中肋骨条藻，直接经济损失 0.05 亿元。

赤潮对渔业的危害主要是通过以下途径产生的：

（1）赤潮生物的大量繁殖打破

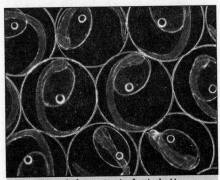

海洋中死亡的浮游生物

了海洋原有的生态平衡，造成海洋浮游植物、浮游动物、底栖生物相互依存关系异常或者破裂，这就大大破坏了主要经济渔业种类的饵料基础，破坏了海洋生物食物链，破坏了鱼、虾、贝类饵料基础，造成

渔业产量锐减。形成赤潮的某些浮游植物是海洋次级生产者的良好饲料，但在经济海藻养殖区，往往与海带、紫菜等争夺营养，使经济藻类变色甚至腐烂，自身失去商业价值。

（2）赤潮藻类暴发性异常增殖还会造成海水 pH 值升高、黏稠度增大、含氧量下降、水体光照强度下降，赤潮藻类密集在水面，使水中的含氧量下降，影响海洋动物的呼吸，导致水下大量生物死亡。

（3）在赤潮后期，赤潮生物大量死亡，尸体在分解过程中会带来海洋环境的变化：在好氧条件下，尸体分解大量消耗水体中的氧气，

海洋农作物——紫菜

使水体中的溶解氧急剧下降，造成区域性海洋环境严重缺氧，导致鱼类或其他动物窒息死亡；在厌氧条件下，尸体分解又会产生大量的氨、硫化氢、甲烷等有害化学物质，致使鱼、虾、贝类及海带、紫菜等海洋农作物大量死亡。另外，有些赤潮生物的体内或代谢产物中含有生物毒素，这种生物毒素能直接威胁到鱼虾贝等生物的生存。

3. 对旅游业的影响

海洋旅游业是海洋产业的重要组成部分，而海洋旅游业的基础条件是滨海风光。赤潮灾害的发生会导致海水变色，大量海洋生物死亡，会散发出阵阵臭气，与此同时赤潮生物尸体及大量死去的海洋动物被冲上海滩，严重破坏了旅游区的秀丽风光，使其观赏价值大大下降；赤潮还会对旅游业的水上项目产生严重影响。如果人们在发生赤潮的水域游泳，赤潮水体与皮肤接触后，可能出现皮肤瘙痒、刺痛；如溅入人的眼睛中，会感到疼痛难忍，有毒赤潮毒素的雾气能引起呼吸道发炎，从而妨碍了人们在海上的休闲活动，严重影响海洋旅游业的正常发展，其带来的经济损失难以估计。

第四节　海难造成的污染

万吨石油倾大海

　　1978 年 3 月 15 日夜里，素有"风暴囊"之称的比斯开湾刮着 10 级暴风，海面狂风怒号，波涛汹涌。狂涛巨浪拍打着形同山丘的"阿摩柯·卡迪斯"号的甲板。这艘美国石油公司的超级油轮，一月前在波斯湾的伊朗哈尔克岛装载了 22 万吨原油，经过印度洋，绕过非洲，预定 16 日傍晚到达荷兰鹿特丹港。此时将过比斯开湾，驶抵英吉利海峡入口处。

你知道吗
比斯开湾
　　比斯开湾（英文作 Bay of Biscay，西班牙语作 Golfo de Vizcaya，法语作 Golfe de

Gascogne），北大西洋东部海湾，介于法国西海岸和西班牙北海岸之间，略呈三角形。比斯开湾位于北大西洋的东北部，东临法国，南靠西班牙，面积 19.4 万平方千米，总体积约 33.2 万立方千米，平均深度 1715 米，最大深度 5120 米。沿海地带具有冬暖夏凉的海洋性气候，阴雨较多，常有风暴。受北大西洋环流的影响，海流在海湾内作顺时针方向流动。

　　尽管"卡迪斯"号在大风大浪中航行稳当，可 35 岁的船长巴尔达里仍有些不安，因为他深知，这里是一个多事的海区，来往船舶繁多，航道相对狭窄，且风大夜黑，稍有不慎，就会触礁搁浅……想着想着，他透过玻璃窗，环顾茫茫夜海，望

石油污染的海洋

着周围流星般的航行灯,不知不觉地打了个寒战!

长夜逝去,天色微明,巴尔达里向右避让了一艘小油轮。不久,发现数十艘船舶迎面驶来,他一面下令避让来船,一面令大副用台卡定位仪校核了自己的船位,发现船已偏离了预定航线,进入到南驶船的分道了。他谨慎地操纵巨轮前进,正准备向左转向,回到正确航道,不料,"咔嚓"一声,舵机发生故障,虽然舵角指示器为左20度,但舵叶已转向右方,船首直向右转。因舵机失灵,"卡迪斯"号像瘫痪的巨鲸,随风飘荡⋯⋯

9时45分,巴尔达里发出了停车和抢修舵机的命令,并用无线电向设在芝加哥的阿摩柯石油总公司报告停车修理的情况。慌乱中,竟忘了最稳当的措施——抛锚。随波逐流的巨轮漂向东南,漂向维松岛礁丛。这里暗礁四伏,历年来在此,触礁沉没的船已有千艘之多。

20分钟过去了,巴尔达里见舵机无法修复,即令报务员发出求救信号。不久,船长直接与法国布勒斯特港口电台取得联系,请求救援。布勒斯特港口答复,他们没有救援机构,也没有大型拖轮。原来泊在港内的远洋拖轮"太平洋"号(746万瓦)已于早上8时开赴多佛尔海峡执行拖带任务了。

"太平洋"号虽然另有任务,当接到求救信号后,还是调头西返,于12时20分赶到了"卡迪斯"号附近。两船通话后,德国籍船长范奈特提议按劳氏标准救助契约进行工作(即按救助效果收取费用,如无效果,分文不收)。但巴尔达里坚持要按拖驳付费的办法拖到英国莱姆湾。由于两人唇枪舌剑,固执己见,互不相让,浪费了宝贵的4个多小时。"卡迪斯"号继续在海浪里抖动着,漂流着。

傍晚,天气更加阴沉,风浪有增无减,焦急的船员希望尽快签约开拖,英吉利水道两岸成百个机构的人们关心着"卡迪斯"号的安危,交换着付款方式的意见。17时20分,巴尔达里收到近10个公司、协会、总局的劝慰电,决心抛弃己见,通告范奈特船长表示同意签订劳氏救助合同,但为时已晚了。

因天气恶劣,系缆工作相当艰

难。当拖轮带好第二条缆绳时已是晚上7时了。拖航才几分钟,"卡迪斯"号被一个巨浪突然推向右侧,碗口粗的尼龙缆一下子被绷断。重新带缆已来不及,眼看接近礁滩,危在旦夕,巴尔达里这才下达了抛锚的口令。

你知道吗

抛锚的过程

　　船舶抛锚停泊是常用停泊方法。其过程大致是:船上以锚链或锚索连接的锚抛入水中着地,并使其啮入土中,锚产生的抓力与水底固结起来,把船舶牢固地系留在预定的位置,根据不同的水域、气象条件和作业要求、锚的抛投方法有所不同,常用的方式有首抛锚、尾抛锚及首尾抛锚。

　　19时30分,一只重达22吨的大铁锚刚落底一会儿,就被坚硬的花岗岩连根削掉。接着第二只锚抛下水,同样被岩石折断。此时,巨轮像脱缰的野马,时而横躺浪谷,时而高踞涛峦,摇晃着,抖动着,漂向岸边。

　　21时04分,"卡迪斯"号船尾停止移动,搁浅了。

　　21时30分,一个巨大的拍岸浪托起了"卡迪斯"号庞大的身躯,然后狠狠地摔压在一片礁石上。船底顿时破裂,突兀的巨石插入了机舱和油泵房,打穿了4号货舱的后壁。"嘭"一声可怕的巨响,强大的气流从油泵房冲出,门窗被掀开,汹涌的海水把舱内油液推上甲板,撒播到海面。

　　一分钟后,又一阵剧烈起伏,船底被击穿了几十个大洞,油液如喷泉一样涌出船舱,溢流海面,"卡迪斯"号就这样沉坐礁盘,再也不能起身浮动了。此情此景,使船员们惊慌失措,乱作一团,争先恐后地奔向顶部甲板。

　　3月17日凌晨4时,"卡迪斯"号的龙骨折断了,油轮分成两截,可怕的断裂声持续了10分钟之久。天明后,法国两架直升飞机冒着狂风,把"卡迪斯"号船员全部吊接上机,巴尔达里也羞愧地爬上了直升飞机的救生篮。5时05分,他从飞机上向自己的油轮投下了最后的一瞥。

触礁是发生海难的主要原因

"卡迪斯"号触礁断裂，仅一天就溢出了8万吨石油。对此，法国和英国政府采取了一系列紧急措施，派出数批海军舰艇携带2050吨去垢剂播撒在油污海区，企图凝聚沉淀漂浮的石油，但收效甚微；两次派人登上遇难的"卡遭斯"号进行堵漏泵油，由于风大浪高，一直没有成功；动员了上万名军人、居民到海岸设置栏木浮栅，派出32艘船只围捞浮油，回收石油4万吨；3月28日，法国出动直升飞机向"卡迪斯"号投掷炸弹，引爆燃烧舱内石油，油舱虽被炸开，但燃烧甚少。至此，船上所载的22.3万吨原油全部倾入大海，其倾油量超过了历次油船事故。至3月底，油污扩散到沿岸250千米。这是当代最严重的石油污染事件。

由于大面积的石油污染，严重地影响了海洋生物的生长和发育。仅仅几天，人们在海边捡到1万多只死鸟，16天后，一些幼鱼稚虾发育不全，数百只软体动物死亡，渔业生产大幅度减产。由于污染，湛蓝的海水变色，洁净的海沙发黏，青绿的海藻枯死，就连清新的空气也变得混浊，阵阵腥臭味在邻近海岸持续了一个多月。致使美丽的滨海浴场变成了荒滩，一些旅游胜地也因此显得萧条冷落。

你知道吗

什么是软体动物

软体动物的体制差异很大，但有共同的特征：体柔软而不分节，一般分头－足（有的头退化或消失；足肌肉质）和内脏－外套膜（由背侧的内脏团、外套膜及外套腔组成）两部分。背侧皮肤褶襞向下延伸成外套膜，外套膜分泌包在体外的石灰质壳（有的退化成内壳或无壳）。无真正的内骨骼。

专家们估算，这起特大的海难，直接经济损失为3亿美元，加之污染造成的减产和治理污染所付出的代价等经济损失则高达12亿～15亿美元。

造成"卡迪斯"号灾难的因素是多方面的。舵机损坏、暴风巨浪固然是其中的重要客观因素，但巴尔达里船长优柔寡断的指挥和两位船长讨价还价的争执，贻误了救助时间，这是发生灾难的根本原因。

油船在日本海上蒙难

1997年刚刚来临，日本海就遭难了。俄罗斯"拉霍得卡"号油船

元月2日触礁于日本海隐岐岛东北约140千米海域，油船撞断，一分为二，"分兵两路"染黑日本海。所到之处，沙滩黑了，海鸟飞了，无声无息了！

元月2日凌晨，驻扎在日本海两岸舞鹤市的日本海上保卫厅第8管区，收到了来自西郊海区的紧急呼救信号，顿时紧张起来。收信机奉命紧跟这个紧急求救信号，值班人员迅即展开地图，采用无线电测向仪判定发信准确位置。海上保安厅指挥部速命6架救难直升飞机直抵海难发生海域。不一会，他们便在茫茫海面上发现了一个晃动的黑物，不时发出闪光。不用说，这闪光就是求救信号。飞行员降低高度看清这是一艘遇难船只，船体已断裂为二，船尾沉没，船头约长50米，正顺着风势缓缓向东北方向漂流，救援人员当即救起31名船员。同时发现，在沉船海域，由船尾泄出的黑油已经形成了一条长60千米、宽3千米的海上黑色浮油带，并顺着风浪以每小时3千米的速度向日本西海岸漂移。这意味着一场严重的油污海洋事件就要发生了。

被污染海域当局立即采取措施，企图阻止漂油带靠近海岸。他们首先出动数架次飞机将数10吨化学分解剂撒向漂油带，但这种分解剂对黏稠度极强的重油效果不佳，而风浪过大，一招不灵。随后他们又采用在海岸设置筑拦油篱笆，但苦于风浪冲天，浮油照样翻越篱笆，如脱缰的野马向前飞跑。

元月7日，在风浪的推动下，"拉霍得卡"号油轮船头载着部分重油，再次触礁于日本福井县东寻坊海域，头破油流，又产生了一条新的油污带。海风猛烈，风向变幻，新的油污带又一分为二，一条漂向南方的若狭湾，另一条漂向北面的石川县并继续向能登半岛进发。情况紧急，福井县、石川县会同管区海上保安部紧急成立了对策本部，协同作战。他们动员了无数海船回收海上漂油。当地的渔业协会也发动所有渔民，实施了一场人海战术，有的拎着水桶，有的手拿盆瓢，男女老少一起上，清除上岸浮油。位于横滨的拦油篱笆生产公司也紧急动员，加班生产。这种采用橡胶和树脂材料制作的膜状围墙回收浮油堪称一绝。将其置于海中后，其上半部垂直于水面，下半部则垂于水下，对阻挡浮油扩散效果极佳。

到元月8日，重油污染地区已扩展到日本8个县府。元月10日，反应迟钝的日本中央政府组成了以运输大臣古贺诚为本部长、由13个

省厅参加的"拉霍得卡"号油污对策本部。元月11日,政府各部门实施全面污染监测及重点治理方案。运输省将大型回收船"清龙丸"号派往重灾区域,派得力船只前往船头漂移地将船头剩油抽出,防止进一步扩散。科技厅派出的海上飞机,对能登半岛到若狭湾一线海域重点调查,确定了重点治灾海域,同时借用加拿大地球观测卫星对浮油移动进行追踪,以便实施回收治理。此外,农林水产省决定对受害渔民提供低息贷款,邮政省决定对污染区提供无偿资金援助。然而,这些举措为时太晚,渔民们责怪政府行动迟缓。

元月27日,日本科技厅正式向全国发布了海难的准确海域:"拉霍得卡"号油船遇难地点位于日本海隐岐诸岛东北约140千米处,即北纬37°4′,东经134°25′。报道说,油船撞断后,船尾沉没于2530米深的海底;船头历经150千米的风浪漂移,到达距福井县三国町安岛海岸西北160千米处。据悉,"拉霍得卡"号海轮是于1996年12月29日从我国上海港起锚,载有重达1.9万吨重油前往俄罗斯远东海滨边疆外,途经日本海时不幸触礁遭难的。

所幸的是,这次海上油污事件尚没有给核电站造成危害。因为在污染重灾区福井县沿海坐落着日本关西电力公司数座核电站。如敦贺市海岸边的"文珠"号快中子反应堆。如果混有重油的海水进入电站冷却装置,以海水为冷却水的核电站的散热效率将大大降低,进而导致输出功率下降,迫使电站关闭甚至更严重的恶果。好在电站决策者们在重油到来之前,采取了紧急防范措施,层层设施,其功臣就是拦油篱笆,这道"长城墙"将浮油拦在电站用水区之外,有效地保证了核电站的安全。

这次重油污染事件的首害者当属污染区的渔区,因为这一带海域恰是日本重要的渔业生产基地,海产品种类繁多,久负盛名的就有鲍鱼、深水蟹以及紫菜。满面苦容的渔民指着挂满黑油的紫菜,再也唱不出那动人的螺号渔歌,只是说"惨极了",甚至连奉送天皇深水蟹的传统也要落空了。看来,渔民们要想恢复渔业生产,让海洋恢复生机,任重道远。另一受到严重打击的是日益兴盛的旅游观光业。刚好在沿海南北长约3000千米的海岸线,是日本著名的观光区。观光区内有日本"三景"之一美誉的天桥立,风光怡人、沙滩松软,每年盛夏,避暑者络绎不绝,而现在却染成了黑色的沙粒;为海岛带来生气的海鸟

逃的逃，剩下的尽是满是油污的鸟翅。站在岸边，满目是黑，扑鼻而来的是寒风油气！

深海里的岩石

"布莱尔"号油轮触礁后

1993年1月5日清晨，设得兰群岛，正漂泊在离海岸15千米海面上的"布莱尔"号油轮触礁，时值飓风12级，成千上万吨的挪威轻型原油在呼啸的海风中，高速朝海岛的西南端席卷而去。海岛在劫难逃，海岸防卫队爱莫能助，十万火急，电告伦敦。电话惊醒了交通部海上污染控制中心主任克里斯·哈里斯，一场救灾战斗的序幕拉开了。

哈里斯立即与海运大臣凯斯尼斯勋爵及苏格兰的官员们联系，命令中心8架飞机紧急戒备，随时准备喷洒油污清洁剂。在伦敦中心一间狭小的救援总部办公室里，中心的科技官员们正焦急地寻找良策。他们明白，在如此恶劣的天气条件下，水栅和撇沫器都是无能为力的，但不敢断言喷洒化学清除剂是否顶用。自从20年前北海发现储量丰富的石油以来，设得兰议会便担心不知哪一天会发生一场油污灾难，现在厄运终于降临了。海洋行动局也成立了事故办公室，特派拜得巴罗及拜沃特马上飞往出事地点。经调查，"布莱尔"号撞上了加斯奈斯岬底部的岩石，使油轮上装载的8.4万吨原油足有1/4流入大海，油层迅即扩散到岬角一侧，进入了昆戴尔湾。

在附近波代姆村的小木屋里，童子军营地的志愿人员整装待发，试图抢救海滩上被原油围困的海洋动物；在米德尔拜克治疗中心，苏格兰防止虐待动物协会的工作人员正等候被救的动物；鹿特丹施密泰克打捞公司的职员们早已赶到，准备将"布莱尔"号船上剩下的原油采用抽吸机抽出，以免继续泄漏。下午2时30分，拜得巴罗等乘坐的飞机降落在桑伯格机场，迅速在机场成立了一个包括当地警察、海岸防卫队员、国际油轮业主联盟等组成的临时联合应急中心。中心的首要任务是尽快设法防止油水混合成一种黏稠且污染性极强的乳胶，如果48小时后一旦形成了乳胶，再高

151

效的清除剂也不起作用了。由于天气太糟，准备的 8 架喷洒机也无法起飞，只好等到 1 月 6 日风力稍微减弱时才冒险行动。总算顺利，足足花费 7 个多小时，在桑伯格岬海面上共喷洒了 100 吨清除剂。根据经验，石油与清洁剂之比以 20：1 为宜，即设得兰群岛海域总共需要 4000 吨清除剂。差额巨大，怎么办？马上从南安普敦空运 70 吨的水栅和撇沫器，试图将两个相对封闭的小湾里的原油除掉，但这一切都是徒劳的，狂风巨流使油污不是翻过水栅，就是钻过水栅。狂风将一条 40 千米长的亮闪闪的油带卷进设得兰群岛西海岸，而恰在此时又一场风暴正在酝酿之中，惊涛骇浪使喷洒工作极其危险，最后只喷洒了 20 吨便被迫停止。真是祸不单行啊，然而，令人惊奇不已的是，事后 10 天之内横扫海面的污油竟然烟消云散，海岸清洁如初。经查明，海面的油污原来被微生物吃掉了，细菌成了岛民心目中的功臣。不难想象，如果没有这些细菌，后果不堪设想。

1 月 16 日，愤怒的岛民公开集会，请愿书要求政府赔偿一切损失。据初步调查，由于吸入了挥发性的碳氢化合物，数百岛民患有头痛及咽喉炎，牛羊被迫从方圆 850 公顷牧场上疏散，畜牧业损失惨重，许多被污致死的海鸟冲上海滩，1/4 的渔场关闭。同时，设得兰群岛上的许多以打捞和加工鲑鱼为生的岛民丧失了生计，以致 2000 吨被污染的鲑鱼被绞碎后运往挪威用作水貂的饲料。迄今国际石油污染赔偿基金会已决定赔款 5400 万英镑。

设得兰群岛油污被微生物迅速降解，对岛民和岛上生物来说是一大幸事。据 9 月英国兽医组织代表大会上的报道，经几个月对案发地域羊体样品分析和验尸结果表明，很少几例疾病与该事故有关，对海洋野生动物的危害也很小。事故发生后，只发现 4 头海豹被冲上海滩和一头死于油污的海獭。由于抢救及时，许多受油污之害的海鸟幸免于难，被救海鸟中足有 30% ~80% 救活。设得兰健康研究小组对距油轮触礁地点 4.5 千米范围内 2/3 的岛民进行的：身体检查结果也令人放心，事故对人们的伤害主要是给岛民造成了恐惧感和悲伤情绪等严重

被污染的海域给海鸟带来巨大灾难

心理影响。人们希望，巨轮油污事件再也不要发生了。

超级油轮葬身好望角

在大西洋、印度洋交界的好望角海域，终日狂风呼号、怒涛排空。

危险的好望角

好望角正位于大西洋和印度洋的汇合处，即非洲南非共和国南部。强劲的西风急流掀起的惊涛骇浪长年不断，这里除风暴为害外，还常常有"杀人浪"出现。这种海浪前部犹如悬崖峭壁，后部则像缓缓的山坡，波高一般有 15~20 米，在冬季频繁出现，还不时加上极地风引起的旋转浪，当这两种海浪叠加在一起时，海况就更加恶劣，而且这里还有一很强的沿岸流，当浪与流相遇时，整个海面如同开锅似的翻滚，航行到这里的船舶往往遭难，因此，这里成为世界上最危险的航海地段。

1982 年 8 月 5 日深夜，这里虽然正值隆冬，但天气却有例外。肆虐的风浪似乎有所驯服，海空皓月高悬，繁星闪烁，海面帆影船行，百舸竞发。午夜刚过，西班牙 1 艘满载原油的超级巨轮——"卡斯蒂略·德贝维尔"号乘着月色，高速而平稳地向西奔驰，一条洁白、笔直的航迹足有半里多长。

8 月 6 日 1 时许，值班大副埃比加突然发现左舷 3 号油舱舱口一团橘红色火焰蹿出舱面，燃向周围。"不好！"埃比加边说边拉响了失火警笛。这刺耳扣心的警笛，划破夜空，震惊全船。船员们翻身下床，奔上甲板，手持各种消防器材，奔向火区。

船长阿方索一奔上驾驶台，看到烈火蔓延，情况危急，急令停车，将燃烧的左舷转向下风方向，令大副等人到现场组织灭火。几分钟之内，尽管使用了大功率泡沫喷枪和化学灭火机，但火势仍然有增无减，一切扑救行动都无济于事。20 分钟后，熊熊大火几乎蔓延到整个舱面，眼看波及全船。老成的船长见扑救无望，命令船员快上救生艇弃船。而他自己则带着一名青年船员进入驾驶室和船长室，取出本船履历书和船舶、航海资料、装载文书等，又到报务房向国内总公司拍发急电："油舱起火，火速营救！"同时，还向附近船只发出了"SOS"求救信号。

在船员的催促下，船长刚上救生艇。"轰！"机舱里传出了一声

剧烈的爆炸声，他不禁回头怜惜地望着升腾着烈焰的油轮。这时三副报告，已有29名船员和两名家属离船，还有5名船员未见离船。大家把目光投向烟火包围中的油船，有的还呼叫着5人的名字。

半小时过去了，只见烈火愈烧愈旺，团团浓烟直冲云天。由于爆炸，油液外泄，左舷海面漂着一大片黑色油污，有的浮油上卷起火舌，而尚未离船的5名船员仍无半点踪影。鉴于油舱随时会发生更大的爆炸，船长吩咐各救生艇驶离油轮百米以外。

又过了半小时，南非派出的两艘营救拖轮赶到现场，救起了救生艇上的船员。不久，闻讯赶来的1艘远洋货轮又救起了一名泅游的船员。

凌晨5时，人们透过晨霭，借助燃烧的火光，发现油轮指挥塔上有一个人影在晃动。由于火势太大，轮船和救生艇都无法靠近营救。正当大家万分焦急的时候，南非的1架直升飞机飞抵油轮上空，用软梯把那个处于绝望之中的船员救出火海。至此，共有31名船员、两名家属脱险。

上午9时，油轮已成为一个巨大的火球，随着几声沉闷的爆炸声，船体发生断裂，石油像开了闸的洪水向外涌流，冲天的黑色烟柱高达300多米，相距50千米的南非海岸上的人们，清楚地看到了燃烧的烟云。大量溢出的原油迅速地向四周扩散，时至中午，浮油漂散到30千米长，4千米宽的一大片海域，其中部分海域的油层厚达5厘米多。

下午3时，海面刮起了4~5级南风，大片的油斑渐渐地向南非海岸移动，黑色的烟灰已开始纷纷扬扬地飘落到沿海农田和牧场上。

为了防止给沿岸一带的海域造成污染，南非当局采取紧急措施：从开普敦派出飞机和轮船，日夜不停地向海里播撒消油剂，但收效甚微。大面积油斑继续向岸边推进。幸好，自第二天中午起，风向发生变化，一股强劲的西北风把这片巨大的浮油区推向了公海，避免了南非沿岸的进一步污染。

你知道吗

什么是消油剂

消油剂学名"溢油分散剂"是由多种表面活性剂和强渗透性的溶剂组成，主要用于处理海上溢油及清洗油污，是治理海洋石油污染的必备品。消油剂的作用机理是将水面浮油乳化，形成细小粒子分散于水中，主要适用于开阔海域的溢油处理。消油剂分

为常规型号和浓缩型两种，主要区别在于活性物含量的高低。

8月7日傍晚，海水涌进了多处断裂的"德贝维尔"号船舱，船开始徐徐下沉。至天黑时，西班牙的这艘27万吨级的超级油轮就完全消失了，未见踪影的3名船员估计在几次爆炸中死于舱内，随船葬于深海之中。

"卡斯蒂略·德贝维尔"号油轮是西班牙迪斯造船厂制造的，于1978年下水，造价为2亿7千万美元。船上装有遥控发电机组，储存数据的电脑和自动化监测、报警、消防等电子设备，是西班牙最大的现代化巨型油轮。

事发后，西班牙政府成立专门机构，调查起火原因，经过近一年的内查外调，仅得出种种推测，时至今日还没有得出一致的、叫人信服的结论。

第五节　其他海洋污染

触目惊心的
海洋垃圾污染

海洋垃圾是任何在海洋或海岸带内长期存在的人造物体或被丢弃、处置或遗弃的处理过的固体材料。海洋垃圾的产生有多种原因，有来自陆地的，也有来自海上的。在一些特定的海上活动中，如捕鱼、货运、娱乐活动和客运等，将产生相当数量的海洋垃圾。其中，基于海上活动来源的诸如被抛弃的渔网、电线、绳索和塑料袋将可能存在于海底、海水中和漂浮在海面上。这些垃圾也可随洋流或海风输送到其他地方，所以也可在海滩上、海岸边看到这些垃圾。

海上活动会产生海洋垃圾

海洋垃圾可通过缠绕和摄取的方式使人类和其他生命体受伤或死亡。动物因偶然吃进看起来像食物的塑料袋，而可能导致它们饥饿或营养不良。遗弃的渔网可继续捕捉大量的动物，带来的后果是导致被捕捉动物的死亡。船只也能受到漂浮物的损害，从而导致相当可观的修理费用。因此，现在人们认识到海洋垃圾是主要的海洋污染物之一，它将损害海洋和沿岸地区的生态、经济和文化价值。

塑料垃圾可能威胁到航行安全

1. 海洋中的塑料垃圾

海洋中的塑料垃圾主要有三个来源，一是暴风雨把陆地上掩埋的塑料垃圾冲到大海里；二是海运业中的少数人缺乏环境意识，将塑料垃圾倒入海中；第三就是各种海损事故，货船在海上遇到风暴，甲板上的集装箱掉到海里，其中的塑料制品就会成为海上"流浪者"。按照"国际海运联合会"提供的数字，每年都有数千只集装箱掉到海里。据估计，海洋塑料垃圾的70%来自海运业。

塑料垃圾不仅会造成视觉污染，还可能威胁航行安全。废弃塑料会缠住船只的螺旋桨，特别是各种塑料瓶，它们会毫不留情地损坏船身和机器，引起事故和停驶，给航运公司造成重大损失。但更可怕的是，塑料垃圾对海洋生态系统的健康有着致命的影响。

海中最大的塑料垃圾是废弃的渔网，它们有的长达几千米，被渔民们称为"鬼网"。在洋流的作用下，这些渔网绞在一起，成为海洋哺乳动物的"死亡陷阱"，它们每年都会缠住和淹死数千只海豹、海狮和海豚等。其他海洋生物则容易把一些塑料制品误当食物吞下，例如海龟就特别喜欢吃酷似水母的塑料袋；海鸟则偏爱旧打火机和牙刷，因为它们的形状很像小鱼，可是当它们想将这些东西吐出来反哺幼鸟时，弱小的幼鸟往往被噎死。塑料制品在动物体内无法消化和分解，误食后会引起胃部不适、行动异常、生育繁殖能力下降，甚至死亡。

塑料在陆地上降解大概需要二三百年时间，可是在海洋里，由于海水的冷却作用，这一过程可能会延长至400年。塑料在海中的降

解主要是在阳光的作用下完成的，因此称为"光降解"。它们先缓慢地分解成小碎片，再降解为更小的颗粒。海洋学家在调查中发现，在北太平洋中部，被分解的塑料与浮游生物的重量之比已经达到了6:1。浮游生物是指那些漂浮在海面上的小型动植物，它们是海洋生态系统食物链中的最低一级，海洋中的滤食动物，如水母等，经常会把那些塑料降解后的颗粒误当作鱼卵吃下去。

2. 垃圾漩涡

仅是太平洋上的海洋垃圾就已达300多万平方千米，超过了印度的国土面积，如果再不采取措施，海洋将无法负荷，而人类也将自食恶果。

在一项名为"捍卫我们的海洋"的活动中，一艘取名"希望号"的船只航行几大洋，科学家和来自世界各地的志愿者见证了海洋和居住在海洋中的生物正在面临的一场"垃圾危机"。"希望号"航程中历经的最大海洋"垃圾漩涡"之一，位于北太平洋亚热带海域，其中心位于美国西海岸和夏威夷之间、夏威夷群岛的东北方向上。这个触目惊心的垃圾漩涡就是"得克萨斯垃圾带"。这个"垃圾漩涡"也成为海洋生态学家们研究最多的海上垃圾区域之一。

当整个太平洋的各个洋流以顺时针方向运转时，塑料垃圾途经这里，被卷入"平静区域"，便不再

触目惊心的海洋垃圾

海洋垃圾会被卷入"平静区域"

继续随洋流漂移，彻底"定居"下来。垃圾越聚越多，于是太平洋上的这一区域俨然已经变成了海洋垃圾大本营，小到塑料片，大到塑料筐、丢弃的轮胎、渔网，各色塑料等垃圾像被磁铁吸引一样来到这里。据估算，"垃圾漩涡"区域的漂浮垃圾多达上亿吨，以塑料为主，还包括玻璃、金属、纸等。

据测算，在"垃圾漩涡"海域，每一千克的浮游生物平均要"分摊"到 6 千克的塑料垃圾。考虑到浮游生物是许多其他海洋动物的食物，因此可以这么推算，假如捕食的海洋动物"照单全收"，它们每吞进

一千克的浮游生物，就会同时误食大约 6 千克的塑料垃圾。即便顺利通过了消化道，有不少生物也会因为吞了一肚子"伪食物"，获取不到所需的营养而被活活饿死。

 海洋热污染

1. 认识海洋热污染

海洋热污染是水温异常升高的一种污染现象。天然水水温随季节、天气和气温而变化。当水温超过33℃~35℃时，大多数水生生物不能生存。水体急剧升温，常是热污

鱼体中的酶与 PCB 的氯化作用有关

染引起的。水体热污染主要来自工业冷却水。首先是动力工业；其次是冶金、化工、造纸、纺织和机械制造等工业，将热水排入水体，使水温上升，水质恶化。据美国统计，动力工业冷却水排放量占全国工业的冷却水总排放量的 80% 以上。一个装机 100 万千瓦的火电厂，冷却水排放量约 30~50 立方米／秒，装机相同的核电站，排水量较火电厂约增加 50%。年产 30 万吨的合成氨厂，每小时约排出 2.2 万立方米的冷却水。

水体增温显著地改变了水生物的习性、活动规律和代谢强度，从而影响到水生物的分布和生长繁殖。增温幅度过大和升温过快，对水生物有致命的危险。

水体增温加速了水生态系统的演变或破坏。硅藻在 20℃ 的水中为优势种；水温 32℃ 时，绿藻为优势种；水温 37℃ 时，只有蓝藻才能生长。鱼类种群也有类似变化。对温性鱼类来说，水温在 10℃~15℃ 时，冷水性鱼类为优势种群；水温超过 20℃ 时，温水性鱼类为优势种群；当水温为 25℃~30℃ 时，热水性鱼类为优势种群。水温超过 33℃~35℃ 时，绝大多数鱼类不能生存。水生物种群之间的演变，以食

物链相联结，升温促使某些生物提前或推迟发育，导致以此为食的其他种生物因得不到充足食料而死亡。食物链中断可能使生态系统组成发生变化，甚至破坏。

水体升温加速了水及底泥中有机物的生物降解和营养元素的循环，藻类因而过度生长繁殖，导致水体富营养化；有机物降解又加速了水中溶解氧消耗。

某些有毒物质的毒性随水温上升而加强。例如，水温升高10℃，氰化物的毒性就增强1倍；而生物对毒物的抗性，则随水温的上升而下降。

水体热污染区域可分为强增温带、适度增温带和弱增温带。热污染的有害效应一般局限在强增温带，对其他两带的不利影响较小，有时还产生有利效应。热污染对水体影响程度取决于热排放工业类型、排放量、受纳水体特点、季节和气象条件等。

各国对水热污染及其影响进行了多方面的研究，并制定了冷却水温度的排放标准。美国、俄罗斯等国按不同季节和水域，制定了冷却水温度的排放标准；德国以不同河流的最高允许增温幅度为依据，制定了冷却水温度排放标准；瑞士则以排热口与混合后的增温界限为最高允许值，确定排放标准。中国和

水体增温过快，对水生物有致命危险

其他一些国家尚未制定有关标准。

地上更容易造成生态环境的改变。

2. 热污染对鱼类的影响

人类是温血动物，对于外界温度变化有良好的适应能力，而生活在水中的生物大多属于冷血动物，对于水温的改变非常敏感，忍受热污染的能力也非常有限。鱼类不断地洄游，一方面是为了觅食；另一方面也是为了寻求适温的环境。例如，每年夏季，小管鱼类常洄游到中国台湾北部沿海；每年冬季，乌鱼常成群在台湾西岸沿海出现。这些都是鱼类寻求适温环境的行为，也就是因为水中生物对水温变化比较敏感，因此热污染在水中比在陆

 你知道吗

海洋鱼类能带给人类什么

海洋鱼类是人们喜爱的食品，它们不但富含蛋白质、脂肪、糖类、矿物质和维生素等人类必需的营养物质，而且味道鲜美，其蛋白质和脂肪都比其他动物性肉类易于被人体消化吸收。海洋鱼类也是重要的工业原料。鱼肉可制作罐头食品，鱼肝可提取鱼肝油，鱼鳞、鱼骨可以制胶，鱼油可制作肥皂、润滑油，有些鲨鱼的皮可制成皮革，杂鱼可制成鱼粉，鱼的内脏和某些有毒鱼类的

北美洲褐色鳟鱼

毒素可提取制成各种药物。

热污染提高水温对鱼类的影响主要有以下几点：

第一，加快鱼类的新陈代谢率。一般而言，水温每增加 10℃，鱼的新陈代谢率就加倍，如 25℃时新陈代谢率为 15℃时的 2 倍，35℃时新陈代谢率为 15℃时的 4 倍。水温增加会使水中的溶氧量减少，而鱼类却因新陈代谢加快而需要更多的氧。因此，水温增加到某一限度，鱼类便会死亡。每一种鱼的致命温度并不相同，如北美洲一种褐色鳟鱼的致命水温为 26℃，而小龙虾则可以忍受水温升至 35℃才死亡。

第二，可能使鱼类停止繁殖。鱼类都是在一小范围的适温环境产卵，水温增高，鱼类排卵的数目往往就会减少，有时甚至无法排卵。而且，水温增高也会影响卵的正常发育。例如，一种大西洋的鲑鱼受精卵，在 2℃的温度中需经 114 天的孵化，小鱼才出来；水温提高到 7℃，孵化期就缩短为 90 天，太早孵出的未必是健康的小鱼。鱼的成长也会受到影响，水温再提高，受精卵甚至都无法孵化了，因此，在一个比较封闭的水体中，如小湖或小溪，水温提高到某一限度，虽然没使成鱼立刻死亡，但可能使某些

鱼终将绝迹。

第三，会减短鱼的寿命。由于水温增高会缩短卵的孵化时间以及加速鱼的新陈代谢率，因此很容易推想鱼的寿命也会减短。例如，北美洲一种淡水水蚤在 8℃的水温中可活 108 天，但在 28℃的水中只能活 29 天，鱼的寿命减短了，当然，也就长不到它应有的长度与重量。

第四，可能破坏食物链。所谓食物链就是：大鱼吃小鱼、青蛙；小鱼、青蛙则以蚊虫、小虾等为食；蚊虫、小虾等则以水草、藻类等为食。上述 4 类生物死亡后氧化分解产生营养盐分，又可作为水草、藻类等的养料。如果热污染的结果造成其中一类生物的死亡，也可能使得以其为食的生物死亡，依此类推，这个生态系统就可能因此而受到破坏。

提高水温对其他水中生物的影

食物链中的青蛙

163

响度，也与鱼类相差不多。然而鱼类会游泳，如果海洋受到热污染，鱼类尚能避开受污染的地方，伤害会减少一些。但附着在海底的生物，如珊瑚等，就难逃一劫了。

3. 核能电厂与热污染

核能电厂利用核子反应产生热能发电时，不可能使热能百分之百转换为电力。多余的废热需要利用大量冷水带走，发电机才能运转。例如，我国台湾地区四周环海，海水很容易取得，因此台湾的核能电厂都是建在海边，利用海水冷却，使用过后的海水水温提高了，又被排回海洋。

一般而言，核电厂排放温水有以下两种方式：

第一：建一条排放管到离岸稍远处，在中层排放，以避免伤害到海底生物。由于高温的海水较轻，排放后往上浮而渐与上层海水混合，等至浮到海面，水温已降低许多，对海洋生态的影响便可降低。利用这种方式排放温水比较好，但所花的成本也较高。

第二，在海边直接排放于海面，用这种方式省钱，但对海洋生态的影响也较大。到目前为止，中国台湾现有的三座核能电厂都是用第二种方式，在海边把温水排放于海面。

截至2008年，在台湾北部沿海

核电站

164

的核一、核二厂，排放的温水并未造成多大影响。南部核三厂的温排水却伤害了排水口附近浅处的珊瑚。造成南、北核能电厂的区别并非核三厂的冷却系统设计比核一、核二厂差，而是因为核三厂排水口附近刚好有很多生长良好的珊瑚，再加上当地海水的温度终年都比北部沿海的高3℃~5℃。核三厂所在的南湾在台湾最南端，在冬季时黑潮支流流入台湾海峡，南湾海水主要来自黑潮。夏季时中国南海海水流入台湾海峡，此时南湾海水主要来自中国南海。这两种水团的水温都很高，南湾冬季表面水温仍达24℃左右，夏季则常达29℃，甚至更高。所以，它能够忍受升温的空间就小多了，也因此核三厂的温排水对生态的影响特别引人注目。

珊瑚最适合在热带与亚热带的温暖海洋中生长，中国台湾气候属亚热带型，特别是南湾海域位于台湾最南端，海水温度全年都在20℃以上，最适于珊瑚生长，而核三厂排水口附近又是珊瑚生长比较茂盛的地方。

据调查，南湾已发现的珊瑚共有179种之多，这些珊瑚在35℃的高温海水中便会死亡，如在31℃~33℃的水温中，时间稍长，珊瑚便会白化，甚至死亡。

台湾电力公司早在20世纪80年代就开始建核三厂，有两部发电机。第一部于20世纪80年代初开始运转，冷却系统排出的温水水量不大，对排水口附近的珊瑚并无多大影响。到了1987年，两部机组开始稳定地同时发电。同年7月，部分排水口附近浅处的珊瑚白化了。到了冬天，白化的珊瑚又重获生机，但到了来年夏天，珊瑚又白化了，而且面积有扩大的趋势。由此不难看出，核能电厂对海中生物的影响之严重。

 ## 农药污染

农药污染也是沿海污染的重要来源，含汞、铜等重金属的农药和有机磷农药、有机氯农药等，毒性都很强。它们经雨水的冲刷、河流及大气的搬运最终进入海洋，能抑制海藻的光合作用，使鱼、贝类的繁殖力衰退，降低海洋生产力，导致海洋生态失调，还能通过鱼、贝类等海产品进入人体，危害人类健康。

农药及其降解产物（如DDT的降解产物DDD、DDE）在海洋环境中造成的污染，其危害程度按其数量、毒性及化学稳定性有很大

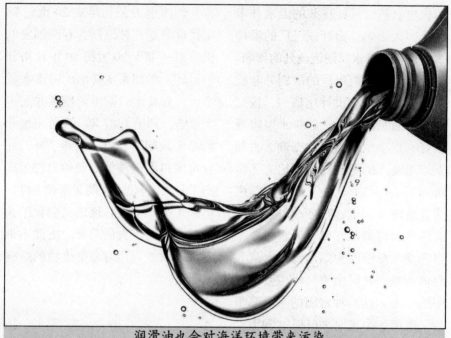

润滑油也会对海洋环境带来污染

的差异。

污染海洋的农药可分为无机和有机两类,前者包括无机汞、无机砷、无机铅等重金属农药,其污染性质相似于重金属;后者包括有机氯、有机磷和有机氮等农药。有机磷和有机氮农药因其化学性质不稳定,易在海洋环境中分解,仅在河口等局部水域造成短期污染。从 20 世纪 40 年代开始使用的有机氯农药(主要是 DDT 和六六六),是污染海洋的主要农药。据美国科学院 1971 年的研究发现,每年进入海洋环境的 DDT 达 2.4 万吨,该值为当时世界 DDT 年产量的 1/4。

 你知道吗

DDT 的广泛分布

DDT 有较高的稳定性和持久性,用药 6 个月后的农田里,仍可检测到 DDT 的蒸发。DDT 污染遍及世界各地。从漂移 1000 千米远的灰尘以从南极融化的雪水中仍可检测到微量的 DDT。一般情况下,非农业区空气中的 DDT 的浓度范围为小于 $(1\sim2.36)\times10^{-6}$ 毫克/立方米,农业居民区其浓度范围为 $(1\sim22)\times10^{-6}$ 毫克/立方米,在开展灭蚊喷雾的居民内 DDT 的浓度更高,据记录高达

8.5×10^{-3} 毫克/立方米。

工业上广泛应用于绝缘油、热载体、润滑油以及多种工业产品添加剂的多氯联苯（PCB）和有机氯农药一样，都是人工合成的长效有机氯化合物（按其化学结构可统称为卤代烃或氯化烃），由于它们在化学结构、化学性质方面有许多近似处，所以它们对海洋环境的污染通常放在一起研究。20世纪60年代末，各国认识到PCB对环境的危害，纷纷停止或降低PCB的生产和应用。

有机氯农药和PCB主要通过大气转移、雨雪沉降和江河径流等携带进入海洋环境，其中大气输送是主要途径，因此即使在远离使用地区的雨水中，也有有机氯农药和PCB的踪迹。如南极的冰雪、土壤、湖泊和企鹅体内都检出过残留有机氯农药和PCB。进入海洋环境的有机氯农药，特别容易聚积在海洋表面的微表层内。据苏联国立海洋研究所1976年在北大西洋东北部的观测，DDT及其降解物在微表层的含量为90纳克/升，而水下的含量为5纳克/升。据美国对大西洋东部的测定，在表层水中PCB的含量比DDT含量高20~30倍。海洋微表层中的DDT受到光化学作用发生降解，其速度受阳光、湿度、温度等环境条件的制约。在热带气候条件下，降解速率一般较高。沉

农药污染会通过海产品危害人体健康

积于海洋沉积物中的 PCB 和 DDT 在微生物作用下会发生降解作用，但速率相当缓慢。人们认为，PCB 的稳定性比 DDT 高。DDT 的降解中间产物 DDE 比 DDT 挥发性高，持久性也更长，对环境的危害更大。沉降到沉积物中的 DDT 和 PCB 会缓慢地释放入水体，造成水体的持续污染。

DDT 和 PCB 进入生物体内主要是通过生物对它们的吸附和吸收，以及摄食含有 DDT 的饵料生物或碎屑物质。动物体中 DDT 的残留量反映了吸收与代谢间的动态平衡。不同种生物对 DDT 的积累和代谢各不相同，牡蛎和蛤仔等软体动物对 DDT 的富集因子可达 2000（富集因子是生物体中的浓度除以环境介质中的浓度值），而甲壳类和鱼类的

DDT 通过牡蛎对它的吸附进入体内

富集因子则为 10 微克／升。

海水中 DDT 浓度一般低于 1 微克／升，近岸水体高于大洋水体。近岸海域鱼体中的 DDT 浓度高于外海同类鱼类，达 0.01~10 毫克／千克（湿重）。鱼类不同器官中 DDT 残留量的浓度各不相同，其中以脂肪中的含量最高。摄食鱼类的海鸟 DDT 残留量最高，摄食淡水及河口区鱼类的鸟类，DDT 残留量高于摄食大洋鱼类的鸟类。

PCB 对生物的毒害作用与其异构体的氯原子数有关。氯原子越少，毒性越大，在食物链中的蓄积程度越高。PCB 对虹鳟鱼的 10 天致死浓度是 38~326 微克／升，20 天的半致死浓度为 6.4~49 微克／升。无脊椎动物对于 PCB 要比鱼类敏感，幼体比成体敏感。PCB 对生物的危害作用包括致死、阻碍生长、损害生殖能力和导致鱼类甲状腺功能亢进和对外界环境变化及疾病抵抗力的下降等。PCB 会导致哺乳动物性功能紊乱，波罗的海和瓦登海海豹的繁殖失败同其体内高浓度 PCB 直接相关。

PCB 在生物体中的积累与其脂溶性和对酶降解的抗力成正比，而与其水溶性成反比。生物体对 PCB 的主要代谢过程是羟基化，即将 PCB 转化为水溶状的酚类化合物后排出体外。羟基化速率取决于酶（肝

微粒体混合功能氧化酶）的活性。鱼体中这种酶的数量大大低于哺乳动物，并随 PCB 氯化作用的提高而降低。

总之，各种农药污染对海洋环境的破坏极为严重，必须引起每一个人的极大关注。

战火下的灾难
战争污染

1991 年初爆发的海湾战争，是第二次世界大战结束后，最现代化的一场激烈战争。战争双方伤亡人数并不多，但消耗的物资却是惊人的，特别是石油资源遭到人类有史以来最大的破坏，这场战争毁掉 5000 多万吨石油。在海湾战争期间，有 700 余口油井起火，每小时喷出 1900 吨二氧化硫等污染物质飘到数千千米外的喜马拉雅山南坡、克什米尔河谷一带，造成了全球性污染，并造成地中海、整个海湾地区以及伊朗部分地区降"石油雨"，严重影响和危害人体健康。

而此次战争中流入海洋的石油所造成的污染和破坏更是惊人。据估计，1990 年 8 月 2 日至 1991 年 2 月 28 日海湾战争期间，先后泄入海湾的石油达 150 万吨。1991 年，多

海湾地区美景

国部队对伊拉克空袭后，科威特油田到处起火。1月22日科威特南部的瓦夫腊油田被炸，浓烟蔽日，原油顺海岸流入波斯湾。随后，伊拉克占领的科威特米纳艾哈麦迪开闸放油入海。科威特南部的输油管也到处破裂，原油滔滔入海。1月25日，科威特接近沙特的海面上形成长16千米、宽3千米的油带，以每天24千米的速度向南扩展，部分油膜起火燃烧黑烟遮没阳光，伊朗南部降下黏糊糊的黑雨。至2月2日，油膜宽16千米、长90千米，逼近巴林，危及沙特阿拉伯。最后导致沙特阿拉伯的捕鱼作业完全停止，这一海域的生物群落受到严重威胁。更为严重的是浮油层已对海岸边一些海水淡化厂造成污染，以淡化海水作为生活用水的沙特阿拉伯面临淡水供应方面的困难。这次海湾战争酿成的油污染事件，使波斯湾的海鸟身上沾满了石油，无法飞行，只能在海滩和岩石上待以毙命。其他海洋生物也未能逃过这场灾难，鲸、海豚、海龟、虾蟹以及各种鱼类都被毒死或窒息而死，成为这场战争的最大受害者。

海湾战争结束后，一些环保专家表示，要完全消除由海湾战争引发的5000万吨石油对海湾地区和全球的影响，不仅代价高昂，而且所需的时间也较为漫长。

同样的情况也在黎巴嫩出现过。2009年，黎巴嫩的濒危海龟在孵化后不久就因受到燃油污染的海水死亡；死鱼漂浮在海岸；燃烧的石油

海洋生物是石油污染的受害者

所产生的滚滚黑烟飘向城市——黎巴嫩这个拥有海滩和积雪覆盖的山脉的地中海国家，因遭受以色列轰炸而导致的石油泄漏引发了一场黎巴嫩历史上最为严重的环境灾难。但在交战双方停火以前，清污行动不能开展。联合国环境官员指出，对污染问题不加以控制的时间越久，其持续的破坏性就越大。

海滩被石油油膜覆盖

自以色列同黎巴嫩真主党开战以来，世界的注意力一直集中在数以百计的平民的伤亡上，而环境破坏只吸引了人们些许的注意力，但专家指出，石油泄漏污染的长期环境影响有可能是破坏性的。在以色列战机于 2009 年 7 月 13 日和 15 日轰炸了位于黎巴嫩首都贝鲁特南部 19 千米的吉耶赫电厂之后，电厂储油罐遭到破坏，大约 1 万吨重油泄漏进入地中海，形成了一个方圆 50 英里的浮油层。以色列海军的封锁和持续的军事行动使清除油污的行动成为不可能。

时任联合国环境规划署（UNEP）执行主任的阿基姆·施泰纳说："污染的直接影响可能是严重的，但我们不能立即对其进行评估。对泄漏的石油不进行清理的时间越长，其清理就越困难。"对此，UNEP 执行主任施泰纳指出，必须迅速采取协调行动控制油污的继续扩散，以便将其对环境的短期和长期伤害控制在最小的范围内。叙利亚环境部长已经致函 UNEP- 地中海行动计划，请求立即派出专业清污公司的人员帮助叙利亚控制其领海内的燃油污染，并派出评估组对这次油污造成的损害进行评估。UNEP- 地中海行动计划请塞浦路斯政府启动了一个预测模式，对本次东地中海污染的扩散动态进行预测。预测初步结果显示，这次所泄漏燃油的 80%将停留在黎巴嫩沿海及附近，另外 20%将挥发掉。另据国际海事组织（IMO）发布的最新消息称，泄漏的石油已经污染了黎巴嫩 1/3 的海岸线，另有约 2.5 万吨的重油还有可能泄漏。战火延误清污行动。黎巴嫩的国旗上有一棵雪松，并因其拥有林木丛生的山脉而被称为"绿色黎巴嫩"，它是阿拉伯国家中十分注意污染控制的少数国家之一。

在这里，使用柴油发动机的小型公共汽车已经被禁止，而工厂则被命令遵守严格的环保法规。但现在，这个国家多沙、多岩石的海滩的大部分都被一层厚厚的黑色石油覆盖了，而在以前，这里每年都要接待成千上万的观光者。

许多渔民被迫歇业，人们对吃鱼也日益恐惧。第一个提供帮助的国家是科威特，但是3卡车清理污染的援助物资在贝鲁特受阻。在清污工作开始前，援助人员只能等待战火停止。沙拉夫说："我们不能进入黎巴嫩水域开展工作，这意味着我们已经耽误了10余天时间。而对于石油污染来说，10天就像是1个世纪。"当地环保组织呼吁双方尽快停火，以便使清污工作能尽快开展。沙拉夫估计清理黎巴嫩海岸线油污将花费大约3000万~5000万美元，而完成全部清污工作的花费将10倍于此。乐观估计是，清理海岸线油污将至少需要6个月时间，而使东地中海海洋生态系统恢复到遭受破坏前的状态则需要长达10年时间。

沙拉夫将此次污染同2002年法国"威望"号油轮漏油污染事件联系起来。在那次事件中，其运载的7.7万吨石油泄漏了80%，严重破坏了西班牙北部海岸环境，使西班牙付出了沉重代价。但由于燃烧的油罐以及无能为力的清污人员，他认为这次事件要更加复杂。他痛心疾首地说，黎巴嫩"正面临一个棘手得多的问题。想象一下你有孩子病了，你知道他病了，但在你开始给他治疗前，你却不能带他去看医生进行检查、了解他得的是什么病。这就是我们所面临的局面。"

第五章
用法律"关爱"海洋

我们今天所面临的海洋环境污染问题，主要原因之一是缺乏管理或管理不善。也就是说，只要加强管理，许多海洋污染问题不需要花太高昂的代价就可以得到控制和解决。而强化管理最关键的办法是立法，法规给大家提供了一个共同遵循的行为准则。俗话说"没有规矩，难成方圆"，古往今来，概莫如此。

第一节　海洋也需要法律保护

影响深远：古代环境立法

古代环境立法是指 18 世纪产业革命前,人类为保护赖以生存的水、土地、森林、草场、鸟类等环境因素而进行的立法。也有少数公共环境卫生、空气保护方面的立法。古人通过长期的生产实践认识到,刀耕火种、不合理垦荒、森林草原破坏会导致严重的水土流失、河流泛滥、风沙和土地盐渍化,鸟类的过量或不合理捕杀会影响狩猎业并引起虫灾,危害农业。因此,有必要运用法律手段对环境加以保护。

国外古代环境立法开始于公元前 20 世纪的楔形文字时代。《利皮特－伊斯塔法典》最早规定了对荒地和林木的保护。公元前 18 世纪古巴比伦王国的《汉穆拉比法典》规定了对荒地、耕地的利用和保护。公元前 15 世纪近东的《赫梯法典》规定了对林木、树苗、果园的保护,违法者将被送国王法庭审理或予以罚款。古罗马公元前 450 年颁布的《十二铜表法》规定禁止滥伐森林。688 年,西撒克逊国王伊尼颁布的

森林草原

《伊尼法律》规定对草地、林地、树木予以保护，违者处以 6 便士至 60 先令的罚款，并负责赔偿所有人的损失。总之，11 世纪前，各国的环境立法主要是保护具有财产意义的环境，如森林、土地、果园等。11 世纪后，人类对环境施加影响的范围和程度不断扩大，环境立法开始涉及非财产性质的环境，如水体、空气、公共卫生等。如 1215 年颁布的英国《大宪章》第五条规定对渔业水体、湿地予以保护。1306 年英国会发布文告，禁止伦敦工匠和制造业主在议会开会期间燃煤，以防止空气污染。值得一提的是，1661 年，英国 J. 爱凡林出版了世界上第一部环境保护方面的著作——《驱逐烟雾》。在当时，该书实际上起了空气保护立法的作用，并对后来英、美、法、德等西方国家乃至大陆法系国家的大气保护立法产生了积极的影响。

你知道吗

《联合国海洋法公约》

《联合国海洋法公约》指联合国曾召开的三次海洋法会议，以及 1982 年第三次会议所决议的海洋法公约（LOS）。在中文语境中，"海洋法公约"一般是指1982 年的决议条文。此公约对内水、领海、临接海域、大陆架、专属经济区（亦称"排他性经济海域"简称：EEZ）、公海等重要概念做了界定。对当前全球各处的领海主权争端、海上天然资源管理、污染处理等具有重要的指导和裁决作用。

中国历史源远流长，环境保护及其立法也有着悠久的历史。早在远古时代，就有"女娲补天"和"大禹治水"等神话传说，反映了人类在蒙昧时代对征服自然、改造自然的强烈愿望。2800 多年前，周文王就曾发布《伐崇令》，规定"毋坏屋，毋填井，毋伐树木，毋动六畜。有不如令者，死无赦。"其中还有要求按季节封山，在草木鸟兽繁衍时不准采猎，禁止用毒箭狩猎的规定。周朝规定"国君春田不围泽；大夫不掩群"。这条规定表明，对于野生动植物的猎取，不仅因人而异，且有时间限制，即便是国君在春天捕鱼打猎时也不能竭泽而渔或合围捕杀。春秋时代的管仲在齐国执政时，为了发展经济，制定过严酷的法令保护自然环境。他认为"为人君而不能谨守其山林荫泽草果，不可认为天下王"。还规定："苟山之见荣者，谨封而为禁。有动封者罪死而不赦。有犯令者，左足人，

封山育林

左足断，右足人，右足断。"

从周、秦以后，中国历朝历代几乎都颁布过某一方面的环保法令。南北朝时期（467年），明令禁止不按季节捕鸟的做法；北齐后主天统五年（569年）发布命令，禁止用网捕猎鹰鹞和观赏鸟类；唐高祖武德元年（618年）发布命令，禁献奇禽异兽；宋太祖建隆二年（961年）提出禁止春夏两季捕鱼射鸟；辽道宗清宁二年（1056年）发布命令，在鸟兽繁殖季节，禁止在郊野纵火；清朝《大清律》中也规定对"盗陵园树木"者予以刑事制裁。

在今天看来，中、外古代环境立法非常简单，但它在保护各国人民的生存环境中却起了不可估量的作用，并对近代乃至现代环境立法产生了某些积极的作用和影响。

 ## 中国的海洋环境保护法

中国海洋环境立法从萌芽、形成到发展，经历了艰难曲折的路程。从1949年至今可以划分为三个阶段：

第一阶段（1949~1972年）的海洋环境立法与当时中国的经济状况和人们对海洋环境的认识是相适

应的。当时我国尚未形成海洋环境保护的概念，更没有明确提出海洋环境保护的任务。尽管如此，政府已开始注意这方面的问题，并在法律和政令上有所反映。1950年12月22日，政务院通过的《中华人民共和国矿业暂行条例》规定，在炮台、要塞、军港等圈定地区内，非经由有关主管机关许可，不得划作矿区。1955年《国务院关于渤海、黄海及东海机轮拖网渔业禁渔区的命令》规定"保护我国沿海水产资源"。1957年8月16日，水产部关于转知《国务院关于渤海、黄海及东海机轮拖网渔业禁渔区的命令的补充规定》对禁渔区的方位、面积、时间均作了详细的规定和说明。同年，为了深入贯彻执行国务院的规定，保护海洋渔业资源、打击不法之徒，水产部颁发了《关于渔轮侵入禁渔区的处理指示》。

第二阶段从1973年第一次全国环境保护会议至1982年全国人大常委会通过的《中华人民共和国海洋环境保护法》颁布之前。1973年，大连湾污染告急：涨潮一片黑水，退潮一片黑滩，鱼虾死亡，滩涂荒废，养殖业受挫，港口淤塞，堤坝损失严重。类似的情况也不同程度地出现在胶州湾、锦州湾、渤海湾、长

颁布海洋环境立法保护海洋环境

江口、珠江口……为了防止海洋污染，1973年召开了第一次全国环境保护工作会议，这可以说是中国人对环境污染敲响的第一声警钟。会议通过的《关于保护和改善环境的若干规定》明确指出：我国环境保护的基本方针是"全面规划，合理布局，综合利用，化害为利，依靠群众，大家动手，保护环境，造福人民"，要"加强水系和海域的管理"，并规定"交通部要制定防止沿海水域污染的规定"。这是对包括海洋环境保护工作的范围、任务及相应措施在内的方针性、政策性规定。它在1979年我国《环境保护法》颁布之前，实际上一直起着环境法的作用。1974年，国务院颁布了《中华人民共和国防止沿海水域污染暂行规定》，对防止油类和其他有害

物质污染水域作了比较具体的规定。

1978~1979年，中国海洋环保史上发生了两件具有重大意义的事情：1978年12月，第五届全国人民代表大会第一次全体会议通过了《中华人民共和国宪法》。《宪法》规定：国家保护环境和自然资源，防止污染和其他公害。这是中国第一次在宪法中对环境保护做出的规定，为中国海洋环境保护法制的建设奠定了基础。1979年，中国环境保护的基本法——《中华人民共和国环境保护法（试行）》问世，它从法律上确立了中国环境保护的基本政策和方针，对保护中国环境（包括海洋环境）做出了原则性规定。该法的颁布实施有力地促进了中国海洋环境保护事业的发展，并为中国海洋环境立法提供了重要依据。

在此期间，国务院和有关部门也制定了一系列有关海洋环境保护的法规和标准，如《水产资源繁殖保护条例》（1981）、《对外国船舶的管理规则》（1979）、《海上石油污染防范措施》（1980）、《中华人民共和国国境口岸卫生监督办法》（1981）、《建设项目环境管理办法》（1981）、《违反渤海区水产资源保护法规处理办法暂行规定》（1980）、《海水水质标准》（1982）、《渔业水质标准》（1979）等。

美丽的滩涂

第三个阶段是从 1982 年 8 月 23 日全国人大常委会通过《中华人民共和国海洋环境保护法》至今。1982 年是中国海洋环境保护走上法制道路最关键的一年，这一年国务院召开了第二次全国环境保护工作会议，把环境保护定为中国的基本国策，为中国海洋环保奠定了坚实基础；1982 年，五届人大五次会议通过的新《宪法》中明确规定："国家保护和改善生活环境和生态环境，防止污染和其他公害。"这个规定比过去的宪法规定更全面、更明确。

优美的海洋风光

1982 年 8 月 23 日，第五届全国人民代表大会常务委员会第二十四次会议通过，1983 年 3 月 1 日正式生效的《中华人民共和国海洋环境保护法》，是中国立法机关制定的第一部综合性海洋环境保护法律，是保护海洋环境的基本法。它的颁布实施，为海洋环境保护确立了基本的原则和制度，标志着中国海洋环境保护和立法实践步入一个新阶段。

这部海洋环境保护的大法其一总结了中国海洋环境保护几十年的实践经验，并参考、吸取了外国有关法规的要点和精华，对中国海洋环境方面现存的和未来的重大问题都作了比较全面阐述；其二是从具体国情、国力、海情出发，上承宪法中有关环境保护的规定，下览现行所有有关海洋环境保护的行政法规；其三是宗旨明确，"保护海洋环境及资源，防止污染损害，保护生态平衡，保障人体健康，促进海洋事业的发展"，坚持贯彻了海洋开发与保护协调发展的原则、以防为主原则以及国家对海洋的主权原则；最后，本法也注意到与国际公约和有关的国内法规相互协调。其中有关船舶的规定，同中国现行的《中华人民共和国船舶管理规定》和国际上现行的《国际油污损害民事责任公约》是协调一致的，同时也照顾到 1983 年生效的《防止船舶污染国际公约》和《防止倾倒废弃物和其他物质污染海洋的公约》（简称《伦敦倾废公约》）。

坚持海洋开发与保护协调发展

 **你知道吗**

《海洋倾废公约》

《海洋倾废公约》是《防止倾倒废物及其他物质污染海洋的公约》的简称，它是为控制因倾倒行为导致的海洋环境污染而订立的全球性公约。1972年12月29日于伦敦、墨西哥城、莫斯科和华盛顿签订，并向所有国家开放签字，于1975年8月30日生效。我国于1985年9月6日批准加入"公约"，并于1985年11月21日对我国生效。

鉴于造成中国海域的主要污染是：沿海城市和工矿企业随意向海洋排放污水、废渣对海洋环境的污染（即陆源污染）；在兴建码头、港口，开发利用滩涂以及其他海岸工程中对海洋环境的损害和污染；在勘探开发海洋石油、天然气过程中对海洋的污染；船舶排污对港口和沿海水域的危害；倾倒废弃物对海洋环境的污染。海洋环保法对这5种主要污染源的控制分别作了相应的规定，并提出了对策和措施。

为了更好地完善海洋环境立法系统，强化海洋环保法的法律效能，国务院于1983年后相继颁布了一系列与海洋环境保护相关的法规，如《中华人民共和国防止船舶污染海域管理条例》《中华人民共和国海洋石油勘探开发环境保护管理条例》《中华人民共和国海洋倾废管理条例》《中华人民共和国海岸工程管理条例》《中华人民共和国陆源污染物控制管理条例》，分别就防止海洋石油勘探开发、船舶、倾废、海岸工程和陆源污染物造成的污染做出了具体规定，从而使海洋环境保护法的有关规定更加具体化和更加完善。

海岸工程

与此相适应，这一时期，还制定和颁布了一系列海洋环境标准和法律实施细则。它们是进行海洋环境监测、搞好海洋环境管理的法定依据，是环境立法的重要内容。

多年的实践表明，《海洋环境保护法》的颁布有效地促进了中国海洋环境保护事业的发展，并在实施中取得不少成绩。然而，法律制度本身以及在法律的实施中仍存在不少问题和缺陷。为此，1999年全国人大决定对现行的《中华人民共和国海洋环境保护法》进行修订，以使其更好地为中国社会经济的持续发展服务。

综上所述，中国已具备比较坚实的保护海洋环境的法律基础，又制定了若干专门性海洋环境法规和标准。中国海洋环境保护法律体系初具雏形，使我们基本上步入有法可依、有章可循的轨道，为依法治海、依法治污铺平了道路。

 警钟长鸣：现代海洋的环保意识

任何事物的生存和发展都离不开环境，人类与其生存发展环境的关系越来越密切，因此对环境问题的研究也引起了各学科的关注。而作为人类未来生存发展依靠的海洋，由于人类不合理的开发利用而引发的环境问题日益加剧。

海洋环境问题是人们在开发利用海洋的过程中，没有同时顾及海洋环境的承受能力，低估了自然界的反作用，因此使海洋环境，尤其是河口、港湾和海岸带区域受到了人为污染物的冲击。这不仅影响了海洋资源的进一步开发利用，甚至对人类生存造成了威胁。海洋处于

生物圈的最低位置，有史以来，人们都把各种废物直接或间接地排入海洋，但由于过去排入量小，海洋净化废物的能力强，不足为害。随着工农业的发展，沿海国家人口向临海城市集中，大量工业与生活废弃物排入海域，再加上海上油运和油田发展所造成的污染，大大超过了海洋的自净能力，使海洋环境遭到了污染。此外，某些不合理海岸工程的兴建也给环境带来了损害；而对水产资源的滥捕、红树林的滥伐，以及对珊瑚礁的破坏，也严重地损害了海洋生物资源，危及生态平衡。

滨海红树林

归根结底，海洋环境问题的产生，其根源在于人类思想深处的不正确的海洋价值观。时任联合国环境规划署执行主任克劳斯·特普费尔说过，"有一段时间人类把海洋视为巨大的和不变的，能够吸收和稀释污染，并似乎可提供无限的鱼类和其他海洋生物资源"，他还补充说，"不像土地，其所有权和经营管理的观念已经建立了几百年，海洋一直被视为真正的荒地，它不属于任何人，并对所有人免费"。

"悲剧是人类最好的学校"，它激励人们从悲剧的灾难中学习。当人们从文化的视角思考环境问题时逐步认识到，环境问题作为人类活动的不良后果，是一种落后的文化现象，是人类活动过分干预自然的结果。这种思考孕育了环境意识或生态意识，它要求人们从人与自然的关系思考人类的生存、生命和自然界的生存以及它们之间的相互关系。为此，反省人类与自然发生对立的原因，谋求人与自然的和谐和共生，已经迫切地提上当代的议事日程上来。

人类面对环境危机引发的全方位的理性反省，以1962年美国生物学家蕾切尔·卡逊发表的《寂静的春天》为标志，卡逊在《寂静的春天》中指出，由于农药和杀虫剂污染了河流、湖泊、地下水、土壤以至森林和"绿色地表"，并经过动植物的"生物浓缩"在食物链中引发中毒和死亡的连锁反应，进而威胁到人类的健康和生命。卡逊那惊世骇俗的关于农药危害人类环境的预言，不仅受到与之利害攸关的生

宁静的湖泊

产与经济部门的猛烈抨击，而且也强烈震撼了社会广大民众。"在20世纪60年代以前的报纸或书刊，几乎找不到'环境保护'一词。也就是说，环境保护在那时并不是一个存在于社会意识和科学讨论中的概念，大自然仅仅是人们征服与控制的对象，而非保护并与之和谐相处的对象。长期流行于全世界的口号是'向大自然宣战''征服大自然'。卡逊第一次对这一人类意识的绝对正确性提出了质疑。"卡逊被看作是环境保护运动的先驱，在国际社会获得了极高的评价。

1968年，美国经济学家加勒特·哈丁发表了《公有地的悲剧》。哈丁记述了在一块公共的牧场里，牧民每增加一头牲畜，都能获得相应的利益，但牲畜的增加必然给牧场的草地带来损失。牧民为了自己的利益而拼命地增加牲畜数。结果，草地因过度放牧而衰竭，"公有地"在人们追求自己最大利益的过程中走向灭亡，悲剧因此诞生。哈丁指出，在市场经济条件下，如果失去法律和伦理对人类行为的制约，那么人类的盲目竞争必然导致公有地受到灾难性的破坏。

1969年，再版的奥尔多·利奥波德的《沙乡年鉴》向人们展示了这样的观点：人类不是自然的征服者，而是自然的一部分、生态系的一员。在人与自然这个共同体中，人类应该遵循人与大地以及人与依

存于大地的动植物之间关系的伦理规则。《沙乡年鉴》成为环境主义运动的思想火炬，被称为环境主义运动的一本新《圣经》。

伴随着哲人们一部部关于环境问题论著的诞生，20世纪中叶以来，人们逐渐认识到，世界环境退化，既威胁人类生存，又威胁其他生命在地球上的生存，人类环境系统危在旦夕。为此，人们不得不重新审视传统的价值观，并从生态良心、生态道德的角度重新思考问题。

自然和谐的生态美景

 ## 合理维护海洋权益

合理维护海洋权益的基本依据是国际海洋法，即通常所说的海洋法。1982年通过、1994年11月16日正式生效的《联合国海洋法公约》是人类历史上第一部涵盖最广泛、内容最丰富的海洋法典。这部国际大法对国家在各海洋空间的权利和义务进行了全面、明确地规范，为建立合理、公正的国际海洋新秩序起到了重要的推动作用。自《联合国海洋法公约》生效以来，是世界范围内海洋事业迅猛发展，也是以资源为核心，各国竞争众多自身海洋权益日益激烈的一段时间。国家间的双边互动方式首先是建立在领土相关、种族相关、文化相关、利益相关上的，出现了双边互动、多边互动、全球联动等多种国家关系和伦理意蕴。领土相关是国家互动的最古老方式，也是最经常的方式。双边互动的伦理意义体现在国家之间"平等性""互助性"的道德原则的建构与实践上。多边互动的伦理意义体现在国家之间"融合性""规制性"的道德原则的建构与实践上。"融合性"体现在一方可以以另一方为对象开展协作性活动。"规制性"则体现在任何一方均可以在确保公平的前提下展开竞争。理查德·N·哈斯认为，国际关系领域可以更好地被理解为一个政治、经济和军事市场，在"市场"中时时出现关系多样、变化不断的不确定现象，规制则是要求对外政策在政治、经济、军事领域中寻求建立政府和别的行为体之间更稳定的关系，规制的目的是为了确保公平竞争。

海洋权益合法性的依据是海洋法

你知道吗

我国维护海洋权益的法律

1982 年 12 月 10 日，包括中国在内的 117 个国家的代表在《联合国海洋法公约》上签字。1996 年 5 月 15 日，第八届全国人民代表大会第 19 次会议通过决定，批准《联合国海洋法公约》。根据国际法的一般原则和《联合国海洋法公约》的有关规定，我国可以享有广泛的海洋权益。为了切实行使维护我国的海洋权益，根据《联合国海洋法公约》的规定，我国拥有颁布必要的法律和规章、建立相应制度的权利。如 1992 年 2 月 25 日颁布的《中华人民共和国领海及毗连区法》；

1998 年 5 月 26 日颁布的《中华人民共和国专属经济区和大陆架法》；1996 年 5 月 15 日颁布的《中华人民共和国政府关于中华人民共和国领海基线的声明》；1999 年 12 月 25 日颁布的《中华人民共和国海洋环境保护法》等。

全球联动的伦理意义体现在全球性的共和性、归一性的道德与机制建构中。国际政治权力、国际法、国际政治伦理是组成国际关系理论的三大内容，随着全球化进程的日益发展，国际政治伦理在国际舞台上显示出越来越重要的作用，并且国际政治伦理学已开始作为政治学理论研究范畴下的国际关系学与政治伦理学综合交叉的边缘分支学科

而被世人公认和重视。国际政治伦理关注的是国际社会的"善"。按照《超越国界的责任——国际政治伦理学的限制与可能》一书的作者哈佛大学教授霍夫曼的观点,国际政治伦理是用道德伦理的手段来实现国际社会必善的一种政治艺术。霍夫曼认为,国家是人造的"人",国家的"人格化"表明国家具有道德上的权利与义务,正是国家的义务与责任构成了国际道德的主要内容。然而,国家行为的道德选择与个人行为的道德选择有着完全不同的标准。人们经常要求个人"无私"甚至"牺牲",而不要求国家"无私"更不要求国家"牺牲"。国际环境决定了国家首先奉行"生存原则",其次才奉行"道义原则"。至今,国际关系理论研究中关于国际政治伦理方面所涉及的主要问题有民族自决与国家主权、政治解决与武力使用、国家间战争的正义性根据、人权与主权的冲突、国际秩序与国际社会的无政府之间的对立、核伦理问题、国家正义与民族正义问题、个人正义与世界正义问题、反恐怖主义问题、非传统安全问题等。从目前来看,全球联动的进一步发展的途径有两条:一是政治决策机构的归一化;二是社会行为取向的归一化。前者是寻求形成超越国家的政府实体(世界政府、世界国家、世界联邦等)来行使权威,但这在现实中有悖于公正与公平性。后者是要求形成最低限度共同生存合理发展的基本道德行为准则,但这有赖于国际行为体的"主体间性"程度的加强。

反恐怖主义军事演习

全球化是继现代化之后的人类文明的发展形势和一个新的历史阶段，它是一个人类社会的综合命题，既是一个政治命题，又是一个经济命题，还是一个文化命题。全球化的实质内涵是国家界限的超越与空间距离的死亡，或者说世界变成了"地球村"；历史走向了"世界历史""所有的人第一次开始分享着同一个历史"。从全球化的政治方面看，全球化浪潮中，社会结构、价值观念、生活方式等都会发生很大的变化。全球化使得国际政治日益突现出相关性，国内政治与国际政治的界线日益模糊。政治中的普遍性与共同性如民主、平等明显增加，政治之间的对话与合作大大加强。再从全球化的文化方面看，全球化带给人类文明的巨大变化之一，是各民族国家的文化交流与互动，人们在全球化带来的文化同一性中更重视文化间的相互理解、兼容并处。从经济全球化的角度看，类伦理是一种以人类共同体为整体价值尺度的道德理性，是依照人的类本性、类生活、类价值的要求所确立的人类活动的终极准则。类伦理在人、社会、国家、国际、全球的类关系上蕴涵着人的全部交互关系的整体性统一；在人、社会、国家、国际、全球的发展过程上体现为历史的否定性超越；在人、社会、国家、国际、全球的类活动上达成跨国界、超种族的丰富与和谐。国际伦理的理性法则是社会共有、权利共享、和平共处、价值共创。

第一，国际社会是共有的社会，它既是一个地缘上的资源共有社会，也是一个人作为类的存在上的价值共有社会。前者表征人类社会的共时态特征，后者表征人类社会的正义不可分性的特征。因而，社会共有的共识是解决非传统安全问题的基本价值前提。

漂亮的"地球村"

第二，权利共享表达了人类理性精神处理人类自身事务的基本价值取向，它是正义性基础上的平等

187

性的确立。联合国的实践证明，权利共享既是国际伦理精神的弘扬，也是一种正义加平等的现实国际机制的创设与实现。

第三，和平共处是人类安全的历史祈求，也是解决国际争端的国际法则。和平共处意味着个人与国家权利的切实保障有其必然的条件，意味着非传统安全的战略以和平为起点。

第四，价值共创是国际社会伦理正义的根本体现，也是共优模式战略意义的根本体现。价值共创的最基本行动是行为体对自身责任的承担，是行为体对全球优态与人的安全的价值优先的承诺。

以上四条理性法则构成了国际关系伦理的有序整体：社会共有是价值共创的理念前提，权利共享是价值共创的物质前提，和平共处是价值共创的必要条件，而价值共创在整合前三者的基础上，把人类发展的目标提升到应有的境界。

因此，人与海洋和谐共处，公平分享海洋利益、可持续地利用海洋资源、合理维护海洋权益具有普世的伦理价值。它产生在现代海洋物质文化的基础上，又给海洋物质文化的发展方向予以人文的指导，对 21 世纪的社会发展和全面进步，势必有越来越大的影响。当前的事实与价值疏离，海洋利益争夺有增无减，牺牲环境发展的模式并未得到根本性的扭转，但我们不应该失掉信心。海洋世纪最终会定格在既是人类全面开发海洋的世纪，又是海洋和平与健康发展的世纪！

第二节 建立海洋"安全岛"

海洋庇护所
——海洋保护区

鱼类、藻类、营养物质、污染物等等都在海洋中自由运动。海洋基本不存在自然边界。海洋保护区的设置并不能阻止鱼类的游出或者污染物的进入。但是，为什么还要利用海洋自然保护区来保护海洋呢？

建设海洋保护区有两个基本的理由：为了保护生态环境和生物多样性及为了帮助维持渔业。

海洋保护区通过保护环境来保障海洋关键的生命支持过程，包括光合作用、食物链的维护、营养物质的输送、污染物的降解以及生物多样性和生产力的保护。海洋保护区既保护了生物多样性，又保护了

水质。保护海洋环境处于自然的状态，为可持续的、以自然为基础的旅游提供了必不可少的基础。旅游正在成为世界性行业，能为当地社区提供巨大的利益。

海洋保护区对渔业起到了保险单的作用。保护渔业资源的传统方法是力图（常常是不成功的）控制

海洋旅游业

海洋生物的多样性

"捕捞强度"和总渔获量，即从渔业资源的预测来确定允许捕捞的水平。但许多渔业资源量是不稳定的，在数学上称之为混沌状态。例如，捕捞强度的小小增加可能导致一种渔业资源的崩溃。除了短期的预测，它还意味着，对渔业资源量水平的预测是不可靠的。因此，在世界各地，对捕捞强度和总渔获量的控制都无法阻止多数渔业的衰退，甚至崩溃。

事实证明，海洋保护区与传统的渔业管理相结合，并采取部分或全面禁渔措施，在恢复受损渔业资源方面十分有效。在若干海域，建立海洋保护区后渔业资源迅速回升。海洋保护区不但不会阻碍捕捞业的发展，反而能提高渔获量，从而获得直接的经济利益。保护区内渔业资源量较高，鱼类的幼体经海流被输送到保护区外的渔场；幼鱼和成鱼也会从保护区向外迁徙，从而促进附近渔业的繁荣发展。

世界自然资源保护联盟将保护区定义如下："通过法律或其他有效手段，致力于生物多样性、自然资源以及相关文化资源保护的陆地或海洋"。而世界自然保护联盟为海洋保护区制定了一个扩展的定义："通过法律或其他有效手段予以部分或全部保护的下述环境：潮间带或潮下带及其上覆水体，以及相关动物、植物、历史和文化特征。"

你知道吗

我国有多少海洋保护区

迄今我国共有16处国家级海洋特别保护区。山东有昌邑海洋生态特别保护区；东营黄河口生态国家级海洋特别保护区；东营利津底栖鱼类生态国家级海洋特别保护区；东营河口浅海贝类生态国家级海洋特别保护区；东营莱州湾蛏类生态国家级海洋特别保护区；东营广饶沙蚕类生态国家级海洋特别保护区；文登海洋生态国家级海洋特别保护区；龙口黄水河口海洋生态国家级海洋特别保护区；威海刘公岛海洋生态国家级海洋特别保护区。辽宁有锦州大笔架山国家级海洋特别保护区。江苏有南通蛎蚜山牡蛎礁海洋特别保护区；连云港海州湾海湾生态与自然遗迹海洋特别保护区。浙江有乐清西门岛海洋特别保护区；嵊泗马鞍列岛海洋特别保护区；普陀中街山列岛海洋生态特别保护区；渔山列岛国家级海洋生态特别保护区。

这段话的实质意义是：这些海洋保护区肯定包含了海洋环境，但也可能包括海岸带陆地区和岛屿。保护区边界内所包含的海洋总面积超过陆地面积，或者一个大型保护区的海洋部分大到足以归类为海洋保护区，通常就可以被称为海洋保护区。

具备某种形式的保护，通常是法律上的保护，但这并不一定是必需的。例如，在太平洋上，许多海洋保护区是根据传统惯例建立的。

在整个区域内保护的程度不必完全一样。实际上，大部分大型海洋保护区必须根据不同的影响程度和利用需要进行分区区划。

海洋保护区（其管理规定也是如此）不仅仅指的是海底，还应至少包括部分上覆水体及其动植物。海洋保护区不只保护自然特征，还应适用于文化特征的保护，像遗址、古灯塔和防波堤等。

实践中存在各种类型的海洋保护区，包括：按习惯土地所有权设立的保护区，如太平洋区域的保护区；以自愿为基础管理的，如英国的保护区；由私人创建和管理的保护区，如琼贝、桑给巴尔、坦桑尼亚的保护区；在合作管理体制下设立和管理的保护区，如加拿大的因纽特社区保护区；由政府机构建立和管理的保护区。

此外，许多海洋保护区是国际上指定的，如生物圈保护区，国际湿地保护区或世界遗产保护区。

海洋保护区风景

 ## 海洋保护区建设取得的进展

海洋保护区已经存在几百年了。例如，在太平洋的许多海域，为了保证资源的再生，禁止在这些海域开展索取性利用。

但是，绝大多数法定的海洋保护区的出现只是最近的事情。1970年，只有118个已知的海洋保护区，到1985年只有430个，至1994年有大约1306个，但有一半以上集中在四个海区——大加勒比海区、东北太平洋、西北太平洋和澳大利亚／新西兰。此外，上述数据不包括自愿而不是根据法令建立的海洋保护区，以及以陆地为主但包括若干海洋部分的保护区。

我们取得了鼓舞人心的进步，但仍有许多事情要做。在全球，海洋保护区面积只占海洋总面积的1%，与陆地保护区面积占陆地总面积接近9%相差甚远。

此外，许多海洋保护区面临威胁。1995年，世界资源研究所估计一半以上的海洋保护区由于附近高强度的海岸带开发而面临高度危险。更有甚者，海洋保护区建立后并没有随之建立有效的管理体系。在许多区域，管理不足或根本没有管理的海洋保护区远多于有效管理的海洋保护区。比起陆地，海洋环境中的"纸上公园"可能更常见，部分原因在于难以确定边界。在许多渔业保护区尤其如此，普遍没有采取强有力的控制捕捞措施，渔业作业者常常自称"我并不知道我是在保护区内作业"。

在大部分国家和对大部分海洋保护区而言，缺乏海岸带综合管理是最大的问题，如果对海洋的污染和土地侵蚀没有得到控制，海洋环境中的保护行动可能徒劳无功。许多国家缺乏部门间的协调机制来应对这些严重的威胁。例如，负

海洋保护区的海豚

责海岸带和海洋管理事务的可能是渔业部，它极少获得合理污染问题的授权。

1992年在委内瑞拉加拉加斯召开了第四届世界公园大会，大会形成的《加拉加斯行动计划》为全世界的保护区确定了一系列目标和优先行动。自1992年以来，越来越强调：生物区规划，是一种将周围的陆地和水域的使用与保护区的管理联系起来的综合规划，其本质与海岸带综合管理相似，强调了陆地与海洋环境之间的联系。

迄今为止，海洋特别保护区经过几十年的发展，已经形成了明确的边界区域。并实行了全部保护区的统一管理体系。

现有的海洋自然保护途径

迄今为止，海洋自然保护主要采取三种途径：

（1）由专业机构使用不同程度的协调手段来调控和管理单独的海洋活动，如：商业捕捞。通常与邻近的海岸带陆地管理没有或只有极少的协调。这种保护途径包括对单个物种的保护，如在国际捕鲸委员会许可条件下对捕鲸数量的控制。

（2）在只受一般性规定制约的较宽的区域内建立小型海洋保护区，对特别有价值的地方实施保护。这是海洋保护区概念最普遍应用的方式。

（3）在综合管理体系中建立多用途大型保护区，对整个区域实施不同程度的保护。理想的综合体系应扩展到海岸带内外的海洋和陆地区域，对这些区域实施协调管理。但在许多情况下，法律上的复杂性和政府机构之间的竞争使其难以得到实现。

虽然两种途径都能达到自然保护的目标，但是第二种途径——小型保护区网络，只有与其他管理行动联合，共同应对海洋生态系统的主要威胁才能实现目标。实践中往往难以实现综合管理。因此，尽管小型海洋保护区是通向更综合体系的有用开端，但就其本身而言，将证明是不适于满足自然保护需要的。

高度保护的小型海洋保护区与

大型海洋保护区

大型的多用途海洋保护区到底孰长孰短，全世界对此争论不休，原因在于错误地认为"非此即彼"。实际上，几乎所有的大型多用途海洋保护区都包含高度保护的区域，都能够按照与独立的、高度保护的海洋保护区相同的方式实施管理。反之，就自然保护而言，在一个较大的区域内对小型的、高度保护的海洋保护区实施综合管理也能和大型的多用途海洋保护区一样有效。

海洋保护区 任重而道远

国际上生物多样性保护最大量的资助来源于世界银行、联合国规划署（UNPP）和联合国环境规划署（UNEP）管理的全球环境基金会（GEF）。目前，全球环境基金会每年为30多个国家的海洋自然保护项目提供大约1亿美元的资助。帮助各个国家建立海洋保护区需要更多的资助，特别是通过双边支持机制。此外，区域一级和国际一级的工作也需要支持，现在它们还完全没有获得资助。

海洋保护区的经验还表明，建立可持续的海洋保护区所需的时间往往超出捐赠者的资助期限。长期支持国家级的项目是必需的，这可

能需要有计划的展开，而不是依赖项目的资助。国际援助不能代替政府的支持，国际援助应集中于能力建设和对地方一级工作的支持。

由世界自然保护联盟，世界银行和澳大利亚大堡礁海洋公园管理局为世界银行编写的报告是资助决策的良好基础，该报告概述了各个海洋区域在政策上和海洋保护区优先期限上的主要需求。作为报告的结果，全球环境基金会在萨摩亚、坦桑尼亚和越南资助建立了三个示范海洋保护区。但是报告呼吁还需要更大量的资金，才能满足数百个新建的和改进中的海洋保护区网络的需要。

世界自然 保护联盟的贡献

世界自然保护联盟对海洋保护区的贡献可以追溯到20世纪70年代，当时一些热心者开始在世界的许多地方提出建立海洋保护区的计划，并提出了海洋保护区的基本概念。世界自然保护联盟早就有了海洋自然保护计划，目前，世界自然保护联盟的区域和国家办公室的大部分工作都用于支持各种海洋保护活动。世界保护区委员会（原称CNPPA）自从1986年设立了（海洋）

副主席的位置以来就有了海洋的"半壁江山"。副主席设置并协调18个志愿的专家组,一个组负责一个海岸带海洋区域,同时设置了外海事务工作组。

具体的重大活动包括:

1975年,在东京召开的世界自然保护联盟大会上号召建立一个受到严密监控的、能代表世界海洋生态系统的海洋保护区系统。

1982年,在第二届世界国家公园大会(印度尼西亚的巴厘)期间,作为大会活动之一,国家公园和保护区委员会(CNPPA)组织了一系列有关建设和管理海洋和海岸带保护区的研讨会,促成了《海洋和海岸带保护区规划和管理指南》(即"黄皮书"——萨尔姆·克拉斯克,1984)的出版,为如何管理海洋和海岸带保护区提供了详尽的指导。

1991年,世界自然保护联盟出版了《海洋保护区建设指南》,本版本对其进行了全面修订。

保护区内游弋的海洋动物

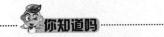
你知道吗

国际公约对海洋保护区的规定

1979年签署的《野生动物迁徙物种保护公约》(CMS)是一个框架性协定,按照这个框架,若干国家政府签订了保护单一迁徙性物种的协定、理解备忘录和

行动计划,其中主要协定包括《关于瓦登海海豹协定》(1990年)、《波罗的海和北海小型鲸类协定》(ASCORANS,1991年)和《地中海和里海海豹协定》(ACCOBAMS,1996年)。有关南大洋信天翁的协定正在协商中。尽管各协定主要涉及物种的管理、捕猎控制、偶然性破坏和污染控制,但它们也可能包括保护区建设,如《瓦登海海豹协定》就包括一批海豹保护区的建设。在海豹生殖和哺乳期禁止任何活动。

1992年,第四届世界保护区大会(委内瑞拉的加拉加斯)通过了《加拉加斯行动计划》。该行动计划的许多重要内容都跟海洋保护区

萨摩亚群岛美景

有关。

1995 年，出版了四卷本的标志性报告《全球有代表性的海洋保护区系统》。由 CNPPA 与澳大利亚大堡礁海洋公园管理局和世界银行共同编写。这一详尽的报告介绍了全世界 18 个海洋区域的状况，并概述了需要进一步建设的海洋保护区。除了其他许多行动外，借助世界银行全球环境基金的资助，世界自然保护联盟在萨摩亚群岛、坦桑尼亚和越南建立了多用途海洋保护区建设的示范项目。